JN145330

おもしろサイエンス

刃物の科学

朝倉 健太郎［著］

B&Tブックス
日刊工業新聞社

はじめに

刃物を使う職業は非常に多く、刃物がなければ食を摂ることもできず、住居を建てることも、髪の毛を切ることも、ヒゲを剃ることもできません。ガンを切除するにもメスがなければ開腹手術もできません。つまり、人は刃物がなければ生きていくことができないのです。

板前やレストランのシェフたちは包丁を命のように大事にしています。プロの調理人は由緒ある名店の刃物屋で数万円もする包丁を食材に合わせて自分の懐から買い求めます。それなりの包丁を揃えると20万～30万円はします。自分の包丁をもっていない料理人は「板前じゃない」といわれた時代もありました。

包丁の値段も数十万円もするような高級な包丁から百均で売っている安い包丁があります。私は刃物を見ると、すぐに切りたくなります。刃角度は、硬さはどのくらい。金属組織は……と。百均の包丁の悪いところはよくわかりますが、高級包丁の比較は本当に難しいと思います。その理由は簡単です。10万円もするような包丁を何本も気軽に切って組織観察することができないからです。過去に日本刀の組織観察をしたことがありましたが、日本刀を切るときは心臓がドキドキしました。一度切ってしまった刃物は元に戻すことができないからです。このような経験を何回もしてきました。

本書では、身近な刃物を「科学という視点」から見つめ直しました。刃物でモノが切れる秘密の扉を一つ一つ開けるようにまとめました。少し難しいと思われる内容もあるかもしれませんが、読んでいけば必ず理解できます。さあ、一緒に扉を開けていきましょう。

本書をまとめるにあたり多くの方々にお世話になりました。刃物との出会いのきっかけを作ってくださった㈱木屋取締役会長の加藤俊男氏、ハサミをはじめ刃物に関する多くの資料を提供くださった㈲水谷理美容鋏製作所の水谷裕一氏社長と柴田卓也氏、「有次と木屋の包丁」を解析した際に試料の分析をしてくださった㈱日産アークの松本隆常務取締役、刃物工具鋼の資料を提供してくださった日立金属㈱冶金研究所の福元志保主任研究員、チタン製包丁に関する資料はトーホーテック㈱の平嶋謙治取締役からいただきました。超薄刃カミソリの観察を勧めてくださった日新EM㈱の丸田節雄社長、中華包丁を提供してくださった中華料理店「中華八宝」の伊藤世君氏、また東京大学大学院・工作室の杉田洋一氏には産業用刃物など多くの資料を提供していただきました。皆様に深く感謝します。

終わりに日刊工業新聞社出版局書籍編集部の森山郁也氏に心より感謝します。

2017年2月

朝倉健太郎

目次

第1章 人類の進歩と刃物の進歩はついて回る

第2章 「切る」という現象

第3章 切れる刃物の条件

第4章 人の肌を切る・剃る刃物

第5章 髪の毛を切るのは大変だ

第6章 食文化を支える刃物

第7章 家具・調度品を作る刃物

第8章 機械工業を支える産業用刃物

第1章

人類の進歩と刃物の進歩はついて回る

1 食を求めた偶然の発見だった刃物

人類は、１４００万年前に地上に現れ、およそ２０0万年前には立派な人類として生活をしたことが多くの遺跡からわかっています。

人は生きるために、水を飲み、草や肉を食べてきました。どうしても避けられない生理的なものが「食べる」、「飲む」ことです。さらに「寝て」、「休む」ことをしなければ生命を維持することができません。これらの生理的なものを絶対に避けることができないので、あくせくと動きまわって、食べ物や水を求めて野や山を駆けまわって収穫し、家族で分け合い、そして安らかに寝る場所を探し求めていました。

このように人は、過酷な環境のなかを生きてきたことが想像できます。もちろん、火や刃物などありませんでしたから、すべての食べるものが「生」で、自分の歯や指でちぎって食べていました。消化不良でお腹が痛くなったときには死に襲われたことでしょう。

刃物が利用される前に人間が多く食べていたものは植物性食物と思われていますが、豊富な植物が密生していた地域は世界に三つしかありませんでした。一つはアフリカ、二つ目は東南アジア、そして中南米だけです。残りの地域は植物性食物はほとんどなく、バナナなどの自生植物を食べていたのです。

植物性食物だけを食べていた限りでは、鋭い刃物を使わなくても生で食べることができます。しかし、次第に活動範囲が広くなり、行動も活発になるに従って大きな摂取エネルギーを必要としました。平坦な道でも10㎞ほど歩くと約５５０キロカロリーが消費されます。その反面、それを補うエネルギーとして動物は何かを食べなければ生きていけません。人間の基礎代謝は、何も活動しないときでも最低限のエネルギーを必要とします。つまり、生命活動を維持するために生理的に必要なエネルギーを何らかの方法によって摂取しなければなりません。

現代の成人の1日当たりの摂取カロリーは、およそ2000~2500キロカロリーを必要とします。古代の人たちが狩りをするには、より多くのエネルギーを必要としたはずです。植物性食物は全体として摂取カロリーは低いので、人は動物性食物を求めて活動したと考えることができます。古代人は1日2食を摂り、さらに家族の食料を確保するために、この数倍は歩いたと考えられます。偶然に見つけた動物の死骸や海岸に打ち上げられた魚を食べ、海岸で見つけた貝を食べたときの貝殻を利用して肉片を切り裂いて食べたかもしれません。

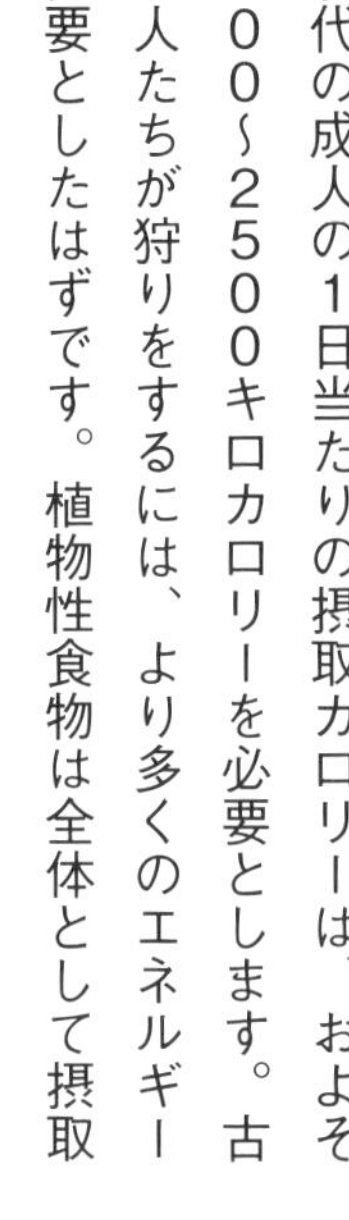

他方で、木片を使ってイモ類を土から掘り出す道具も発見していたことでしょう。たまたま、この折れた板を包丁代わりにしてタロイモを切っていたかもしれません。それが鍬や鋤に形を変えていったと考えられます。身近な木片から刃物の形状に到達するには、それほど長い時間はかからなかったと思います。食を求めた行動が偶然の出会いにつながり、鋭い刃物の発見につながったと考えられます。
次に考えられる刃物材料としては、動物や魚の骨が考えられます。木に比べるとたしかに摩滅しにくいために大いに使われました。動物の骨よりもさらに硬い石が使われるようになると、木や骨に比べてはるかに刃物寿命は長もちし、切れ味の劣化も少なくなりました。

２ 刃物がなかったら人類の発展はなかった

日本の遺跡から見つかる刃物はほとんどが石です。動物の骨や角、魚の骨でつくられた釣り針などを材料にした刃物はきわめて少ないことが知られています。

それは、日本列島が火山灰から成っていることが理由とされています。土壌の火山灰は酸性のために、月日が経つと骨も溶かされてなくなってしまうのです。その反面、これらの素材は石よりも軟らかいので比較的簡単に削ったり磨いたりすることができたので、細長い縫い針、釣り針、鏃に加工することができました。

サンゴ礁から成るアルカリ性の石灰岩と火山灰が混ざり合うと中和されて骨も残ります。２０１６年に、２万３０００年前の貝製の釣り針が沖縄の遺跡から出土しました。釣り針は円錐形の巻き貝の底を円弧状に加工し一方の先端を尖らせたもので、円弧の直径が１・４㎝、厚さが１・５㎜で少し厚めです。これでウナギなどを釣っていたと考えられています。沖縄はアルカリ土壌のために旧石器時代の化石が多く見つかっていました。このように発掘された付近の貝塚の土壌もアルカリ性なので中和されて残されていたのです。骨からつくられた刃物の発見は稀で、骨や角は土壌成分によってほとんどが消滅されて遺物のなかに発見されることは稀でした。人骨化石は出土しませんが、出てきた石器は７万４０００年前のものであるとの報告も多くあります。

２万年前には刃部磨製石斧（じんぶませいせきふ）（割ってつくった刃部を研磨した石斧）や、穴があけられたアクセサリーの石製品などが出土しています。旧石器時代（紀元前１万４０００年頃）になると、刃物は石をはじめとして多くの素材からつくられていました。石の刃物は単に切るためだけではなく、刺す、削る、割る、穴をあけるなど多くの目的に適した形がつくられています。しかし、石は硬いために単純なつくりであったはずです。

現代の私たちからすると石の刃物はイメージしにくいものです。約4万年前の旧石器時代には鋭利なフリント石（火打ち石：チャートの一種で非常に硬いが加工しやすい）や、黒曜石（天然のガラスで断口は貝殻状）からつくられた刃物を写真に示します。このフリント石の刃物は、水谷裕一氏が岐阜県の美濃考古学研究会の後藤信幸氏に協力を仰ぎ、髪を切ったり削ぐための鋭い石器を作っていただいたナイフです。作られた石器は、刃にさわるのが怖いくらいの鋭い刃でした。黒曜石は後期旧石器時代に北海道や伊豆七島の神津島から海上輸送されていたこともわかっています。2つのサンプルには鹿の角のハンドルを取り付けて、現代の美容師や理容師が使うレザー（カミソリ）の近い形にしています。

この石器ナイフを用いてヘアカットの実験をしてみました。結果は、私たちが日頃使っているレザーと同じ程度の切れ味でした。水谷氏は「こんなに切れるのであれば、ただ切るのではなく、古代の人たちも自由なヘアスタイルを楽しんでいた可能性も十分に考えられる」と言います。

フリント石と黒曜石

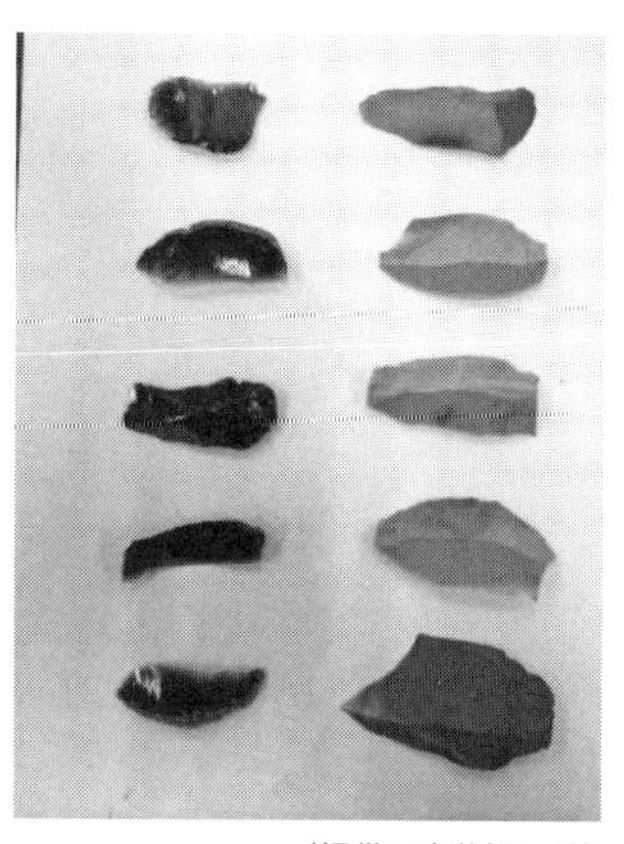

（提供：水谷裕一氏）

フリント石ナイフと黒曜石ナイフ

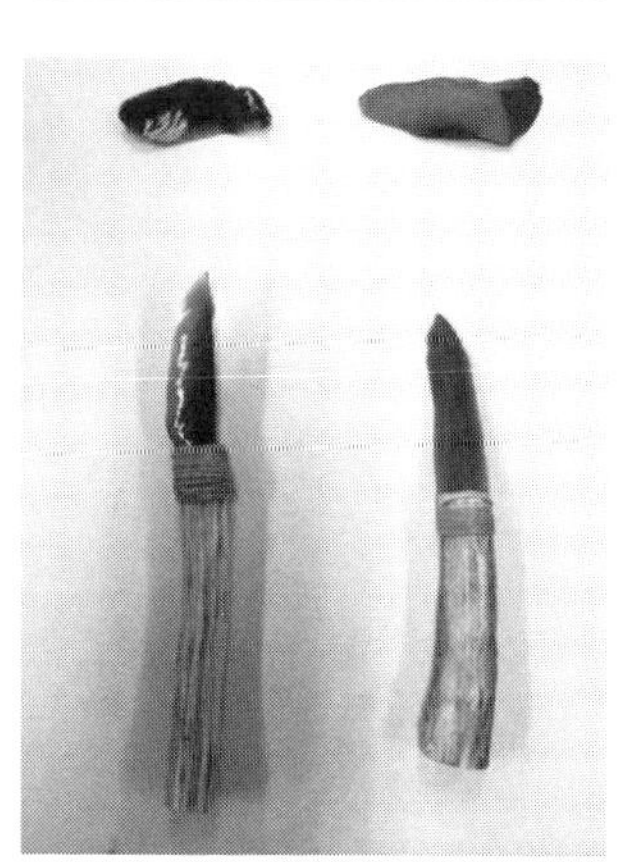

（提供：水谷裕一氏）

3 金属製刃物の登場は6000年前？

刃物の素材としてすぐに思いうかべるのは金属だと思いますが、人類の誕生とほぼ同時代に存在したと考えられる木片や石器の刃物に比べると、金属製の刃物の歴史はそれほど遠い昔ではありません。金属製の刃物が使われ始めたのは6000年前のことです。

金属製の刃物としては銅が初めに使われ、次に青銅（銅とスズの合金）、そして鉄（炭素鋼）、ステンレス鋼が使われ、今ではセラミックなどの材料も使われています。

1991年に、イタリアとオーストリア国境のアルプスのエッツ渓谷で約5300年前のミイラ「アイスマン」が発見されました。このミイラの所持品から、銅でできた斧などとともに短剣のフリント製の刃からできた石器6点が見つかりました。アイスマンといわれる理由は、アルプスの氷河の中から発見されたからです。1991年のチロル・ターゲスツァイトゥイング紙の記事には、「斧も1本発見された。鉄または銅製の刃が革紐で固定されている。小さな鉄製のナイフも発見された。……アルプスカモシカの毛も発見されているので遺体は猟師かもしれない」とあります。遺体と遺物は氷の中に5000年以上も保存されていたことになります。

その中に短剣の刃、鏃、錐に混じってカミソリ並みの鋭いフリント石製の打製石器の「薄片」がありました。この薄片は肉などを十分に切ることのできる鋭い刃が付いていました。薄片でアイスマンも現代のレザーカットのようにヘアカットをしていたことが十分考えられます。

アイスマンの傍らには金属製の斧が見つかっています。この刃は鋳造品であり、刃の材質は99・7％銅

—0・22%ヒ素—0・09%銀であることが化学分析の結果からわかり、組成的には純銅に近いといえます。この銅はアルプスの銅鉱床で採掘されたもので、地元の銅が使われていました。

前出の記事には「純銅は鋳造が困難である。鋳型全体を埋めきれないことがよくある。融解（溶解）の際に酸素が入ってしまって鋳物に穴があき、冷えるときに小さな空洞、いわゆる引け巣が生じる……。ハンマーなどで叩いても脆いので、すぐに割れてしまう。レントゲン写真を見ると、刃先の側にも細い裂け目が見える。……この製作者は金属の特性を熟知しており、その腕で見事な斧をつくり上げている。この斧は、先史時代の斧としては柄と刃、それに巻き紐がすべて揃っている唯一の品である」と書かれていました。

ここからもわかるように、人類の進歩と刃物の進歩は深い関係にあることがわかります。この時代は石と金属の刃物が混在していた時代であったことを如実に物語っている証拠でもあります。

4 隕鉄からつくられた神話ではない刃物

人類が最初に発見した鉄は宇宙から飛来した隕鉄であったという説があります。古代エジプト人などは、鉄は天から降ってきたものだと考えていました。古代エジプトや中国の遺跡からは、隕鉄を鍛造した鉄片がいくつも出土しています。隕鉄であることは、鉄・ニッケル合金の成分と、ウィドマンステッテン組織と呼ばれる特有の金属組織が見られることを証拠としていますが、鉄・ニッケル合金のウィドマンステッテン組織ができるには、真空の中で温度が約1℃下がるには約100万年を要するとの指摘があります。しかし著者は多くの研究によって異論を唱えています。。

鉄を素材とした道具の起源は中央アジアやアフリカに求める説がありますが、いまだ特定されていません。最古のものでは紀元前4000年後半、エジプトのゲルゼ、イラクのウル、トルコのアラジャ・ヒュユクなどから自然の隕鉄を利用した鉄器が発見されています。鉄の原料は鉱石や砂鉄の形をしていて、地球上の多くの地域で広く産しますが、純鉄（融点1538℃）を溶かすには、非常に高温にしなければなりません。このため製錬には高度な技術を要し、道具としての利用は銅の使用よりも遅れたと考えられています。

その一方で、鉄に2～4％の炭素が含まれていると、融点が1200～1300℃程度になって、鍛鉄や鋼であっても半溶融のアメ状になります。純銅の融点が1083℃ですから、青銅（融点950℃付近）の溶融時よりも少し温度を上げれば比較的容易に溶融鉄になって、鋳鉄にすることができます。またグリーンランドのエスキモー社会では、火山起源の自然鉄がなく、製鉄技術がなかったにもかかわらず鉄が利用されていたといいます。これは天体起源の隕鉄などが利用され

**ギボン隕石の
ウッドマンステッテン組織**

**日本橋木屋本店に展示されている
隕鉄製小刀**

ていたと考えるのが自然ではないでしょうか。

　エジプトでは紀元前４０００年頃のゲルゼ文化期の装飾用小玉や、中国の殷代の銅鉞（どうえつ）（銅製のマサカリ）の刃先に使用された鉄は、ニッケル含有量が高かったことから隕鉄だとされています。

　隕石には、ケイ酸塩の鉱物を主成分としたものと、鉄合金を主とした隕鉄がありますが、隕鉄に出会えた人々はごく少数であったはずです。にもかかわらず隕鉄で作られた道具が見つかっているのは、多くは特権階級の武器や装飾品として作られてきた特異な背景があったと思われます。

　隕鉄と日本刀について比較してみますと、隕鉄は7～12％のニッケルを含むために多少とも組織を硬くしていますが、還元法によって工業的に作られた人工鉄とはまったく異なる性質を有しています。典型的な隕鉄の炭素量は10ｐｐｍ（０・００１％）以下と非常に少ないため、熱間で加工した後も「生のまま」の性質が保たれています。つまり純度の高い鉄は、炭素を十分に含んだ炭素鋼（日本刀）とは違い、刃に焼きが入りません。炭素量が少ない工業的純鉄（０・０２１％

C）であっても粘り強く、かなり軟らかいものです。通常、工業的に作られた炭素鋼は、熱処理によって硬さや粘さを調整できるのが特長です。

隕鉄で作られた小刀は、東京日本橋のCOREDO室町1階にある刃物の老舗㈱木屋の入口付近に展示されています。写真は木屋の加藤俊男会長の好意で見せていただいたガラスショーケースに入っている小刀です。照明効果によって柄には、この世のものでないような神秘的な模様を呈しています。もちろん、柄のすべてにギボン隕鉄（アフリカのナミビア地方で発見されたもので、約4億5千万年前に地球に落下したと考えられている）が無垢で用いられており、たとえ鍛造・熱処理して作られたとしても、この長さの小刀を作り出せた巨大な隕鉄それ自体も非常に貴重です。

この神秘的な模様は地球上では絶対にできない合金特有のものであるといいます。隕鉄の刃物への適応については、衣川製鎖工業㈱の衣川良介氏と、三条市の剃刀鍛冶でおられる岩崎重義氏との対談があります。要点を以下のようにまとめてみました。

①隕鉄は組成や成分のバラツキが大きいため、刃物を作るには比較的均質なものを必要とする。

②隕鉄は鉄とニッケルの合金の場合が多く、柔らかくて刃物には不向きである。

③刃物にする場合は刃金を鍛接する必要がある。

④これまで調べた中では「ギボン隕鉄」が適当である。

実用品として使える刃物としては、三条市の池田鑿製作所代表の池田慶郎氏と岩崎重義氏のチームが隕鉄の地金に鋼を鍛接して作った刃物があります。ギボン隕鉄にはカーボンが含まれていないので、このままでは刃物になりません。着鋼鍛接は日本刀独特の技法であり、隕鉄に鋼の強さを併せもたせた刀剣は歴史上例がなく、初めての試みでした。これまで隕鉄で作ったペーパーナイフや模擬ナイフはありましたが、それらには刃が付いていません。隕鉄に霊的な力を感じて儀礼用や魔除けとして隕鉄剣を鍛えたという説もあります。明治23（1890）年に富山県に落下した隕鉄から農商務大臣の榎本武揚が刀工の岡吉国宗に製作を依頼し、出雲の玉鋼と隕鉄の比を3対7で混ぜて長刀2振、短刀3振り、合計5振りの刀を製作し、長刀1振を後の大正天皇に献上した話は有名です。

第2章

「切る」という現象

5 鋭角であるほど刃物はよく切れる

刃物の本を読んでも、「よく切れる」ことを「切れ味」と一言で説明されていますが、あまりにも曖昧です。切れ味を定量化する試みもなされていますが、評価法が未だに定まっていません。たとえば、「よく切れる」、「切れる」、「少し切れる」、「切れない」などという被験者からの主観を統計処理して比較判断している本もありますが、試験機としては本多式切れ味試験機が主流です。この試験機は、測定する刃物の刃先を上向きにして、200枚に重ねた試験用紙を固定して刃先を20㎜動かすことによって切れた紙の枚数と回数から切れ味を評価するものです。そのほかには岐阜県工業技術研究所、東京水産大、岐阜大、千葉工業大などでも切れ味試験機を開発していますが、どの試験機も切れ味の変化と刃物側面に生じる摩擦の取り扱いに苦労をしています。

刃物の切れ味は、刃先の刃角度が大きな要因になります。刃物の断面は「くさび形」であることは少なく、わずかに先端部に「小刃(こば)」が付いています。刃が薄いほど刃角度は鋭くなります。すると刃は欠けやすくなります。刃先は焼きが入っているため非常に硬くなっています。硬いということは、ガラスほどではありませんが脆いのです。そこで先端から0・5～1㎜程度のところに小刃をつくります。この小刃によって刃先は鈍角になって欠けにくくなります。ですから、あまり小刃角を大きくすると切れ味が落ち、小さくすると欠けやすくなるということになります。絶妙な角度調整が必要になる切れ味の大切な要素です。つまり、高級な刃物ほど刃角度～刃先角度～小刃から成ることがわかります。

刃角度を測る簡単な方法に切断法があります。最も容易で正確な刃角度の測定法は、包丁やナイフなどを輪切りに切ってしまうので刃物は二度と使うことができない「破壊法」ともいえます。しかし同時に、刃物の断面硬さを知ることができるメリットもあります。焼入れの効果や素材の硬さを知る最高の情報がこの刃先に集約されているのです。たとえば、片刃の出刃包丁を輪切りにしてエッチング処理した後に光学顕微鏡によって組織観察した結果から、刃先角度が約20度、小刃角が約45度、ビッカース硬さはおよそHV800程度であることがわかりました。

鈍角な刃は人参やカボチャなど硬いものを切るときには適していますが、魚や刺身などを切るときには理論上は切断抵抗が大きくなるため不適と思われるかもしれませんが、2段刃の先端はわずかに0・1㎜だけが鈍角になっているので、実用上大きな切断抵抗を感じることはありません。このように刃先寿命を長くするための処理として、また魚の骨を切るときにも「2段刃」は素晴らしい技術といえます。さらに言えば、この2段刃こそが「刃欠け」を防ぐ最高の工夫なのです。

刃先の構造

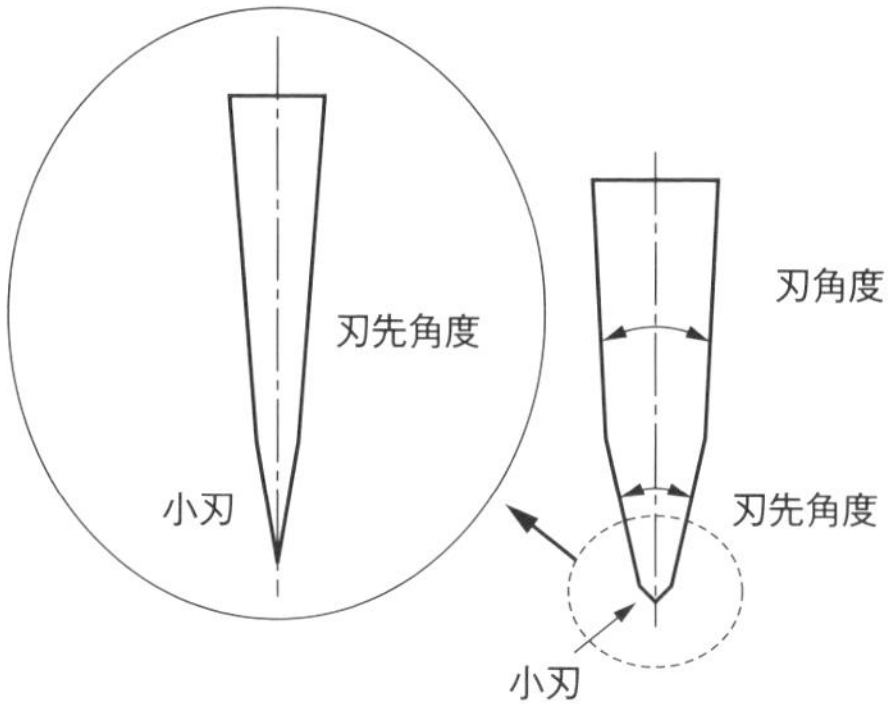

包丁の破断面と刃角度の例

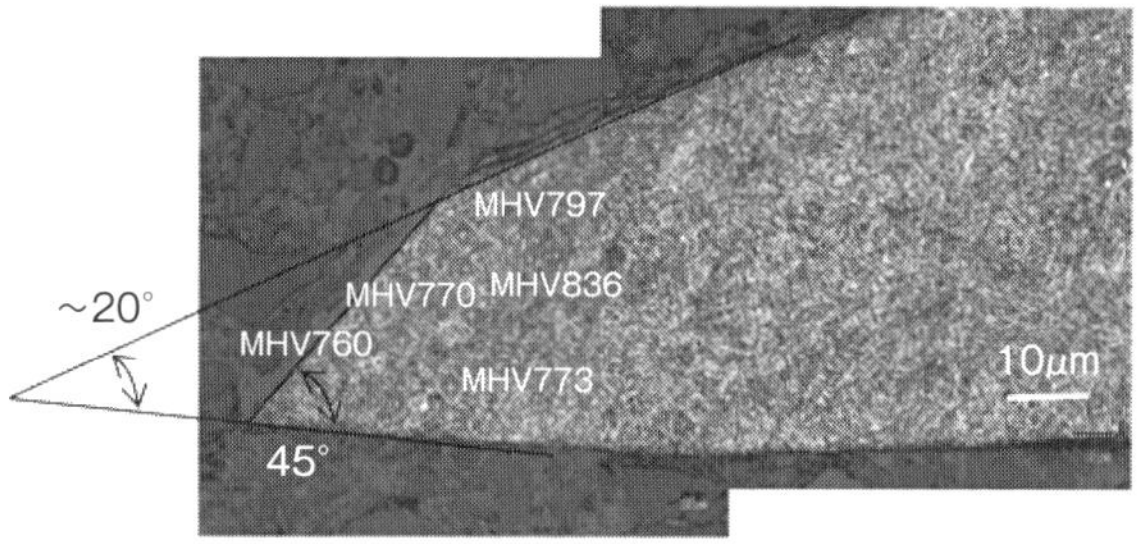

6 カミソリや包丁・ハサミの刃角は同じ？

刃物の種類によって刃角はわずかに異なっています。観察倍率によっても異なりますが、包丁やハサミでは刃角（刃付け面）はおよそ30～40度で作られています。他方、安全カミソリなどの刃角は刃角度（第1切削）が11～15度、刃先角度（第2切削）が15～20度、最終の小刃角（第3切削）が20～35度で刃付けがされています。

研削の砥石面も、それぞれの切削面は荒（粗）砥↓中砥↓仕上げ砥からなっていますが、これで終わりではありません。仕上げ砥で研削されたままでは、わずかな刃返り（バリ）が残るため皮砥（かわと）が使われています。年配の方ならその昔、理髪店で幅8～10㎝ほどの皮砥（馬の臀部の皮で作られた繊細な製品で、コードバンとも呼ばれます）にカミソリを当てている光景を覚えている人もいると思います。

皮砥は、砥石だけでは刃返りをなくすことができないため、あるいは摩耗して切れなくなると、コードバンドによって刃をより鋭くすることを目的として、今でもカミソリの「刃返り取り」として産業的にも使われています。表側は革ですが、裏側には研磨材が塗布された布地からなっています。

しかし、皮砥はあくまでも刃先の刃返りをなくすためのものですから、切れなくなった刃先を研ぎ直すためのものではありません。また、刃先にコーティング処理したものは、コーティング処理なしに比べて摩擦抵抗が小さくなるため、フェルトを切断したときの切断荷重は約半分になるとの報告もあります。このように切れ味の優れたカミソリの刃先は、けっして単純な工程によって製造されたものではないことを知ることができます。

一方、医療分野で使われているメスは、生体を切る

カミソリの刃付け構成例

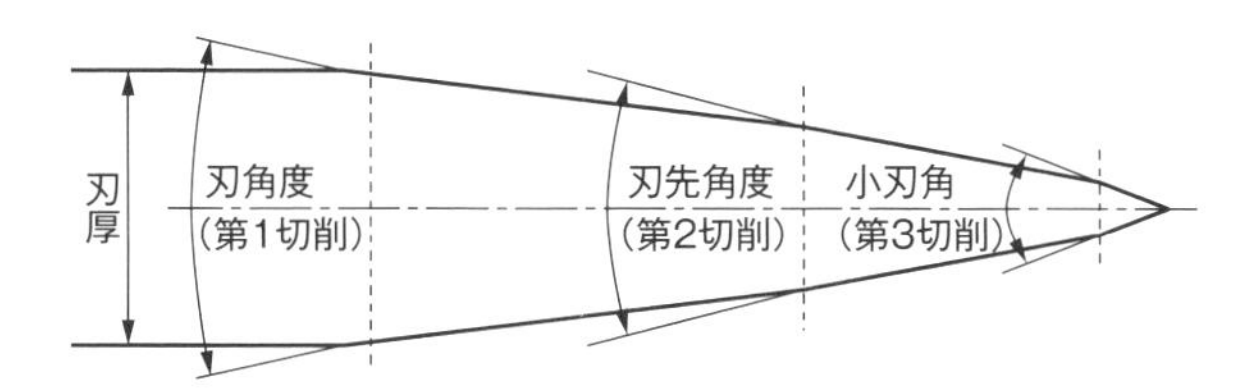

フリント石の刃角

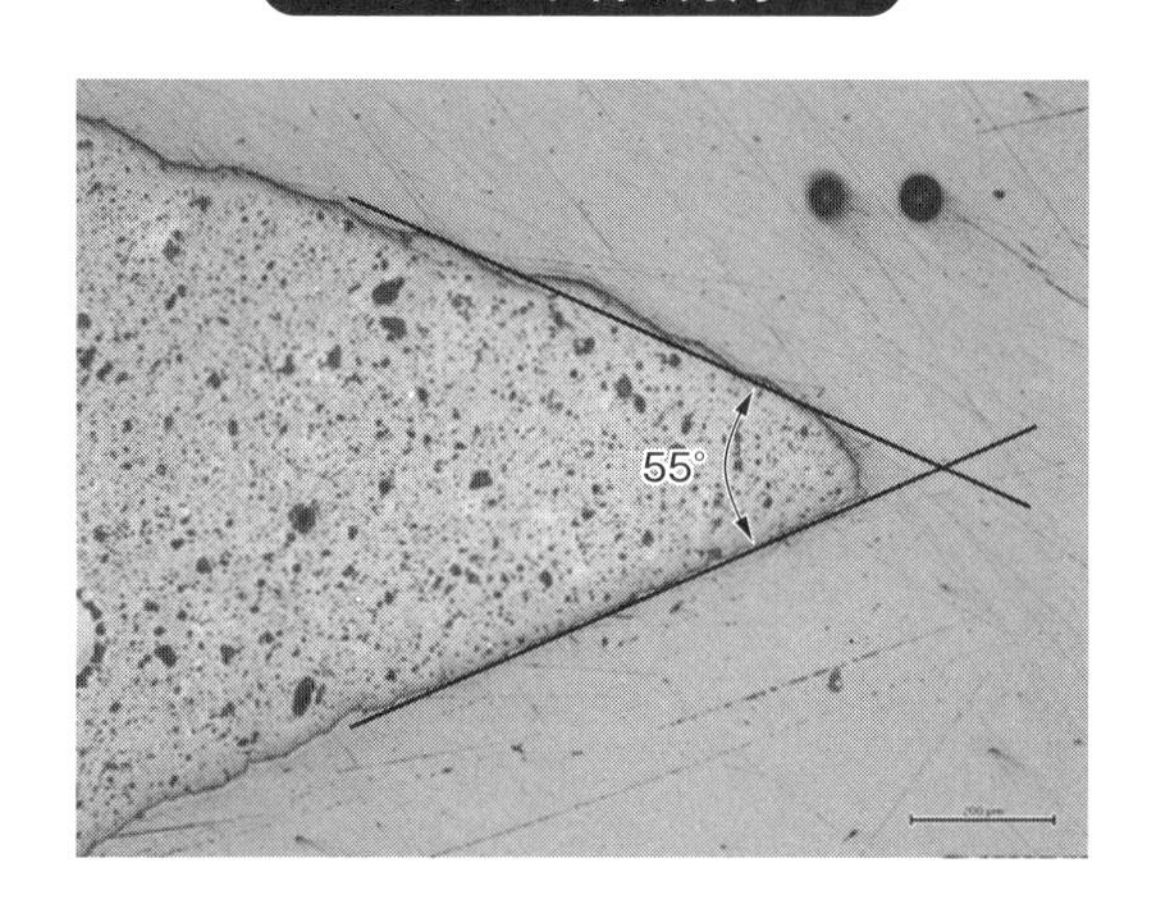

ために剛性（刃物が曲がったり、ねじれたときに破壊に耐える強度）が必要なことから靭性を高め、さらにカミソリに比べて厚めに作られているため、折れることはありません。刃角度（第1切削）は約15～20度、小刃角（第3切削）は30～35度で作られています。材質については通常、SK2相当の炭素鋼かマルテンサイト系ステンレス鋼が使われています。

古代から使われてきたフリント石の刃物刃角を写真に示します。小刃角は非常に鋭利で55度しかありませんでした。このため動物の肉や野菜などは良く切れたでしょうが、欠けやすかったと思います。その後、金属で作られるようになった刃物は、素材を変え刃角度を変えることによって良く切れる刃物となりました。

7 切らないで刃角度を測定する方法はあるか

実際の刃物を輪切りにして、その刃角度を実測する方法については説明してきました。しかし、美術工芸品になってしまった希有な日本刀や歴史ある刃物類を片っ端から切断するわけにはいきません。切断するまでもなく、刃物の表面組織を光学顕微鏡で観察することによって、ある程度の素性がわかるものです。

刃先角度の測定方法は断面測定方法をはじめとして、形状測定方法、レプリカ法による測定方法、反射光方法および光切断法などが利用されてきました。しかし、どの方法も、それなりの経験と専用の装置が必要です。

著者は、レーザー光を利用した3D測定マイクロスコープを用いて、代表的な医療用メスや既存カミソリ、日本刀および理美容ハサミを実測し、解析を行い、刃角度の測定方法について総合的に評価を行いました。

切断法による刃角度の調査では1つの製品が無駄になってしまい、その後の使い道はありませんでした。つまり、包丁やナイフ、ハサミなどを切断しないで刃の断面形状や刃角度を測定することはできませんでした。平面であれば、うねりや微細な形状の変化も測定することができます。そこで、3D測定マイクロスコープを用いて刃角度を測定できるかを検討しました。

刃物にとって刃角度（刃角度、刃先角度、小刃）が大切な切れ味要素になります。そこで、既存刃物の切断法による刃角測定と3D測定マイクロスコープによる比較をしました。用いた3D測定マイクロスコープは非接触で3D測定できるレーザー光学機器で、高さ測定の分解能は0・1㎛（100㎚）でした。

測定例として日本刀の刃角度を測定してみました。40倍では約28・5度、160倍では約28度でした。倍率が小さいほど両者の刃角差は小さくなります。

非接触型3D測定マイクロスコープによる日本刀の刃角度測定（40倍）

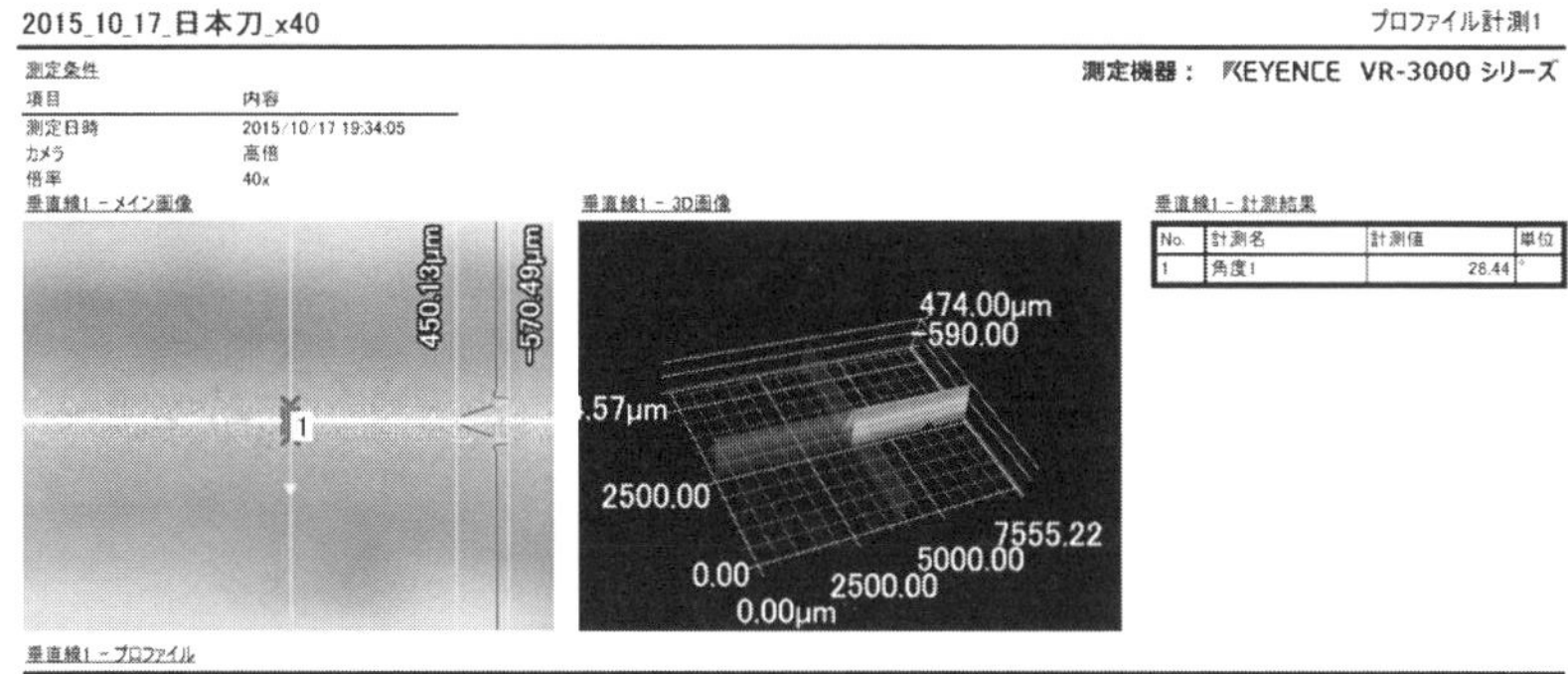

No.	計測名	計測値	単位
1	角度1	28.44	°

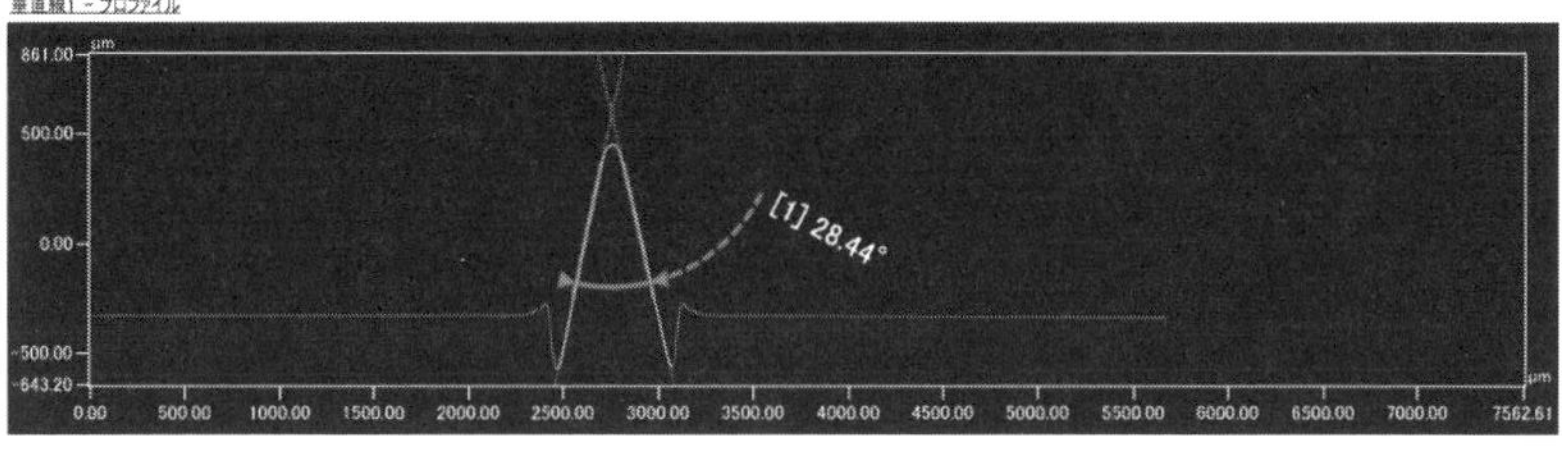

レーザー測定結果と実際に日本刀を切断して測定した結果を比較すると、観察倍率が50倍程度では両者ともに同じ刃角度が得られました。しかし、倍率を大きくして観察すると刃先角度および小刃角ともに大きくなり、誤差が大きくなってしまいました。日本刀の金属組織を観察する方法は基本的には同じですが大きな違いは、刃文や地文を浮き上がらせるために、さらに細かい砥石を用いて匂いや沸を浮かび上がらせる仕上げ研磨を行っています。これらの研磨はすべてが手作業です。したがって手の感覚で研ぐために、刃角は測定場所によって変わっていました。今回試験した日本刀の刃角は中央部のものです。

レーザーによる測定結果と実際に日本刀を切断して測定した結果を比較してみると、刃角度（刃先から少し刃文領域に入った部分）の角度は大きな違いが見られませんでしたが、刃の先端域である刃先角度や小刃角には大きな角度差が認められました。したがって小刃角の測定には、３D測定マイクロスコープは適していないことが明らかになりました。

8 研ぎ直せば刃物はいつまでも使える？

すべての刃物は、研ぎ直せばいつまでも使えるわけではありません。刃物がどのような構造であるかによってその寿命が異なります。

本焼き包丁の製造は次の3工程で作られます。

①鍛造：鋼を鍛造して包丁の形にした後、最適な温度で焼入れをします。

②土置き：粗く研いだ包丁に土（粘土と砥石の粉）を塗りますが、中心から鋒（峰）にかけて厚く塗り、刃先は薄く塗ります。

③焼入れ：焼入れ温度以上に加熱した後、水冷して鋼を硬くしますが、「焼入れ温度」を誤ると期待する硬さは得られません。刃の全体が同じ成分（炭素量0・4～1・7％添加）ですから、砥石で研ぎ直せばいつまでも使えます。洋包丁（諸刃）も同じです。

日本刀と同じような技法で作られた「合わせ包丁」があります。合わせ包丁は、刃（刃金）以外の平部から鋒部にかけては軟鉄（地鉄）が使われています。この手法によって日本刀と同じように柔軟性や耐衝撃性を担わせることができます。プロの料理人は本焼き包丁を使っていると聞きますが、多くは合わせ包丁を併用して使っているようです。

次頁の図に示した「3枚合わせ-諸刃」はクラッド鋼とも呼ばれます。両刃の刃先となる硬い鋼（刃金）を軟らかい金属（軟鉄）で両側から挟み込んで3枚重ね（三層構造）にしています。プロの料理人が包丁を使い込んで切れなくなると、そのたびに刃先を両側から研いでも、ちょうど中央にはさんだ刃金の部分が来るため切れ味が持続できます。しかし、この工法では片刃の包丁を作れません。鍛接は金属を接合する接合法の一つで、2つの金属材料の表面を密着させ、熱と

合わせ包丁（複合材）

(a) 諸刃　(b) 諸刃　(c) 片刃

軟鉄（地金）

鋼（刃金）

三枚合わせ　割り込み　付け鋼（着鋼）

洋包丁

諸刃

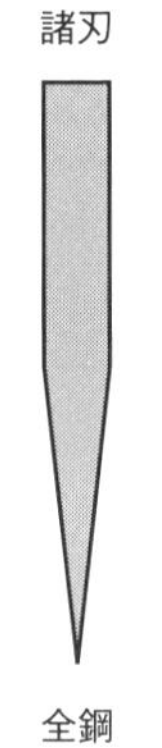

全鋼

本焼き包丁

片刃

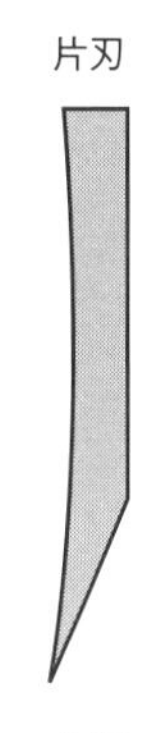

全鋼

ハンマーで打って接合するため「打ち刃物」と呼ばれています。

これに対して最近の量産包丁は、事前に圧延工場で軟鉄と鋼を熱間圧延して接合されています。この加工された材料を「利器材」と呼んでいます。この利器材によって包丁メーカーでは、個々の包丁に対して鍛接を行わなくても3枚合わせの包丁を仕上げることができます。この背景にはプロの職人が減少していることに加え、価格の抑制があります。一言でいえば、職人の個性はなくなりましたが安くて良いものができるといえます。打ち刃物に対してプレス機で型抜きをするので、「抜き刃物」として区別されています。

クラッド鋼は、機能の異なる金属同士を貼り合わせることによって両方の機能を利用した合板です。たとえば、強度はあるが錆びやすい金属の表面に、強度はあまりないが錆びにくい金属を貼り合わせて被覆することにより、耐食性の良好な高強度材を得ることができます。また、硬さ、耐摩耗性において優れた粉末ハイス鋼や、これに近い硬度、耐摩耗性をもち、しかも高クロムで錆びにくい粉末ダイス鋼をフェライト系ステンレス鋼に挟みこんだ割込み材など、今まで鍛接できなかった組合せもクラッド鋼の手法で作られるようになっています。現在では、このような積層材料が多く生産されています。

割り込み–諸刃は、3枚合わせと同じように諸刃の包丁を作るときに使われます。作り方は、刀身部の金属（軟鉄）を広げて刃金になる金属（鋼）をはさみ込んで叩いて伸ばします。金属は糊や接着剤がなくても着けることができます。しかし、割込みの場合には、鋼（刃金）が包丁の鋒（背）部までないため、研いで小さくなってしまう（刃金の部分がなくなる）と軟鉄が露出するので使うことはできなくなります。つまり、刃物寿命があるタイプです。

つぎに付刃（着鋼）–片刃は、硬さの違う金属を合わせることによって、プロの料理人はもとより家庭の主婦でも比較的容易に砥石で研ぐことができる包丁として注目されています。出刃包丁の多くがこの構造です。実は軟鉄（釘に近い組成）は水冷しても焼きが入らないので、硬くなることはありません。試しに釘をガスレンジで赤くなるほど加熱してから水冷してみましょう。その後、両端をペンチではさんで曲げてみると容易に曲がります。焼きが入っていないからです。1本の鋼を叩きあげて作った本焼き包丁は、硬すぎるのでプロの調理人でないと研げません。素人が研ぐのは難しいのです。これに対して着鋼刃物は軟鉄によって刃先（刃金）が被われているので、研ぎやすいという利点があります。

第3章

切れる刃物の条件

9 炭素鋼刃物は錆びるもの

今ではステンレス鋼の刃物が多く使われていますが、歴史的には炭素鋼から作られた刃物が多く使われてきました。炭素鋼というと何だかわかりにくいものに聞こえますが、鉄に炭素がわずかに入ったものです。ほとんど鉄と考えても間違いではありません。

刃物の化学成分（組成）は厳密には異なりますが、その代表的な鋼材がSK相当材です。SK材は、JISで決められた「炭素工具鋼」に出発点があります。工具鋼の条件は硬くて粘りがなければなりませんので、この材料は刃物鋼として最適といえます。この条件を満たすには普通鋼の0・6％に比べて炭素量を0・7～1・5％程度多くする必要がありました。しかし、炭素量を増やしただけでは硬さはそれほど大きくはなりません。何が大きく変わるかというと、カーバイドと呼ばれる微細炭化物の量が大きく変わります。微細な炭化物を分散析出させると「耐摩耗性」が改善されるので、刃物材料としては最適です。カーバイドはクロム、タングステンなど種類によって特性は異なりますが、ビッカース硬さでいえばHV900からHV3600です。普通鋼はHV200程度しかありませんので、いかに硬いかがわかります。

しかし、金属の最大の欠点が「錆」です。鉄などの金属を空気中に置いておくと、やがてその表面から錆が生じます。水がついたままでは致命傷です。鉄は酸素と水が反応すると赤い錆が出ます。ではなぜ、錆ができるのでしょうか。

この赤錆は長い間放っておくと、表面から内部へ進み鉄をボロボロにしてしまいます。他方、黒錆と呼ばれる錆は、空気中で鉄を熱して酸化させると四酸化三鉄と呼ばれるきめの細かい錆が出ます。使い込んだ黒色をしたフライパンが錆びにくいのは、酸化皮膜と油で化合された皮膜がコーディングされるからです。このコーティング膜の表面は軽石状ですから、このすき間に油が入り込んでさらに錆びにくくしています。このように酸素（水）が錆びさせる原因の一つですから、酸素のない真空中であれば錆は生じません。

炭素鋼系刃物鋼の位置づけ

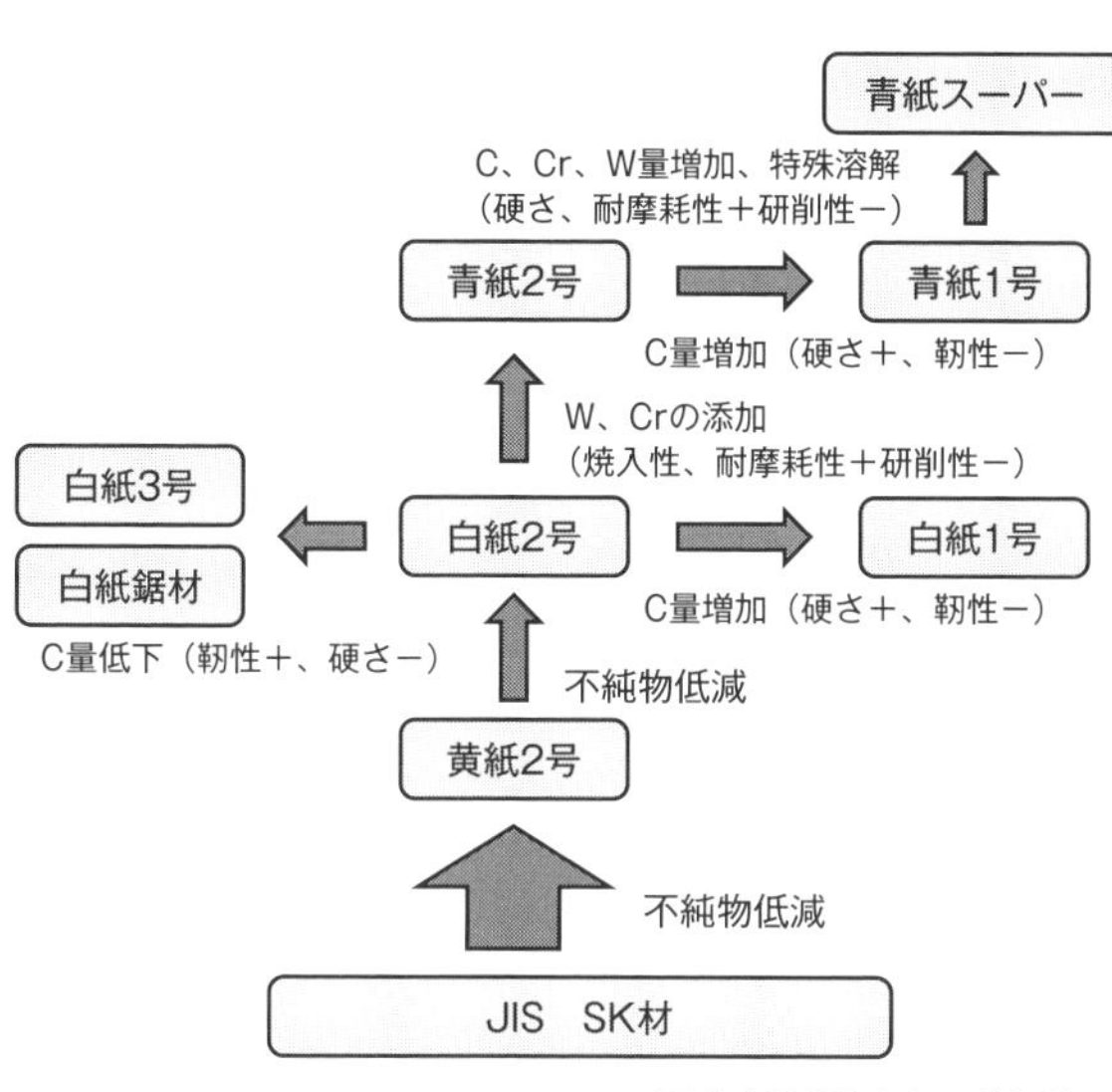

〔日立金属（株）カタログより〕

SK材からさらに不純物を低減させた黄紙や白紙は純粋な炭素鋼です。黄紙2号は炭素（C）量が1・1%添加された鋼で、鑿や鎌に使われています。白紙2号は、黄紙2号のリン（P）量を0・005%低下、硫黄（S）量を0・002%低下させた鋼です。白紙1号はC量を増やして硬さを高めた鋼です。これに対して青紙1号、2号は合金鋼で、クロム（Cr）やタングステン（W）を添加した1・1C－0・35Cr－1・75W－Feで、包丁や高級刃付けに使われています。

このように耐摩耗性を改善した鋼種で、長切れする刃物として使われています。青紙スーパーはクロムやタングステンを高め、さらにバナジウム（V）を添加して硬さや耐摩耗性を高めた刃物鋼です。クロムは耐酸化性を増し、タングステンは固溶強化や析出強化を高め、バナジウムは析出強化に寄与するので炭素鋼刃物として多用されています。

ちなみに白紙、青紙などと名前が付いているのは、製造現場で多くの鋼材を区別するために鋼材に貼り付けられた色紙の色から付けられた名称が由来になっています。

10 ステンレス鋼の発見で刃物は大きく変わった

一般に刃物の素材にはマルテンサイト系ステンレス鋼が使われています。ステンレス鋼といえば、クロムが主体になった13クロム鋼、18クロム鋼および18クロム-8ニッケル鋼が代表です。世界共通でクロム量が12％以上のものをステンレス鋼と呼びます。このようにステンレス鋼は、腐食減量が12％クロム量以上で著しく減少するのが特長です。

ステンレス鋼の研究はかなり古くから行われてきました。電磁気学の創始者と知られるマイケル・ファラデーも低合金鋼を研究していたことは意外と知られていません。ファラデーは今から200年前の1818年から1823年頃まで、ウーツ鋼の優れた切れ味の秘密を探るために研究に没頭していました。特にウーツ鋼の特有な波紋をもつ刃物の秘密について研究するなかで、白金、ロジウム、金、銀、銅、スズ、ニッケル、クロム、イリジウム、オスミウムなどの合金元素を片っ端から鋼にまぜて合金を作りました。

ファラデーの合金鋼の研究から約100年後（1910年前後）にはイギリス、フランス、ドイツ、ポーランド、スウェーデン、アメリカの20数人の科学者らによって鉄鋼中のクロム、ニッケル、炭素の量を変えた研究がされていました。1915年頃には高クロムステンレス鋼の実用研究も進められており、刃物鋼も試作されています。

フランスのL・A・ギレーは1903～04年、そして1906年にクロム・ニッケル鉄合金に関する3つの論文を発表しました。彼は化学成分と熱処理によって金属組織が変わることを明らかにしましたが、ステンレス鋼の最も重要な特性である「不動態化」については言及しませんでした。このため発明者と呼ばれることはありませんでした。それにもかかわらず彼のクロム鋼の組織図に関する考え方は、後の「クロム鋼研究」の発展に大きく貢献しました。

ギレーと同じ学校の教職に就いたA・M・ポートヴァンは、ギレーの研究を引き継いで、その物性などを論文として発表しました。1911年にはドイツのアーヘン王立工科大学の研究生だったP・モンナルツは学位論文の中で、耐酸化性に及ぼすクロム鉄合金の影響、つまり「不動態皮膜についての効果」を明らかにしたのです。この論文こそが、高い耐食性を有する高クロム鋼の重要性を初めて報告したのです。その後も、鉄クロム合金の耐酸化性と、不動態に関する多くの研究論文を発表するなど、ステンレス鋼の時代を開くきっかけとなりました。

クロム含有量と腐食減量の関係

腐食減量（g/cm^2）
0.18
0.15
0.12
0.09
0.06
0.03
0
ステンレス鋼
低クロム鋼
0 2 4 6 8 10 12 14 16
クロム含有量（%）

ファラデーの各種合金鋼

（出典）中澤護人：「鉄のメルヘン」（アグネ）

11 ステンレス鋼ナイフの発明

クロム・ニッケル鉄合金に関する多くの研究成果を残したのは、1896年にドイツのクルップ第2研究所に入社したB・シュトラウスと1909年に入社したE・マウラーでした。

また、マルテンサイト系ステンレス鋼の発明者として忘れてはならない人物がイギリスのH・ブレアリーです。1913年にライフル銃の銃身の強さと耐摩耗性を向上させるため、クロム量を変化させたときの強度と顕微鏡組織の関係を調べるために種々のサンプルにエッチング（化学腐食）を施しました。このときに彼は、クロム量が多い材料ほど腐食しにくいことを発見したのです。この発見は偶然と思われるかもしれませんが、40年以上も金属組織を観察してきた著者から見ると「これは日々の研鑽の成果だった」と確信します。つまり、腐食性の薬品に強いことは酸化しにくいという関係を見出したのです。「酸に腐食されにくいことは、空気中や水中でも錆びにくいはずだ」というひらめきがマルテンサイト系ステンレス鋼の誕生にむすびついたと伝えられています。

このように高クロム鋼が耐食性に優れていることを見抜いた結果として13％クロム系マルテンサイト鋼が開発されたのです。

この優れた耐食性を誘引した理由は、クロムを多く添加した鉄合金の表面に偶然にも非常に緻密な不動態皮膜が形成されたからです。このため金属の内部にまで酸素が透過しない「錆びにくい特性」が発揮されたのです。表面に非常に薄い酸化皮膜ができて、鉄の中まで錆が進入するのを防いでいるのです。膜の厚さは1～3㎚程度の非常に薄い膜で、これが不動態皮膜です。このクロムが豊富な膜が腐食から素地を守ってい

ステンレス鋼の不動態皮膜の形成

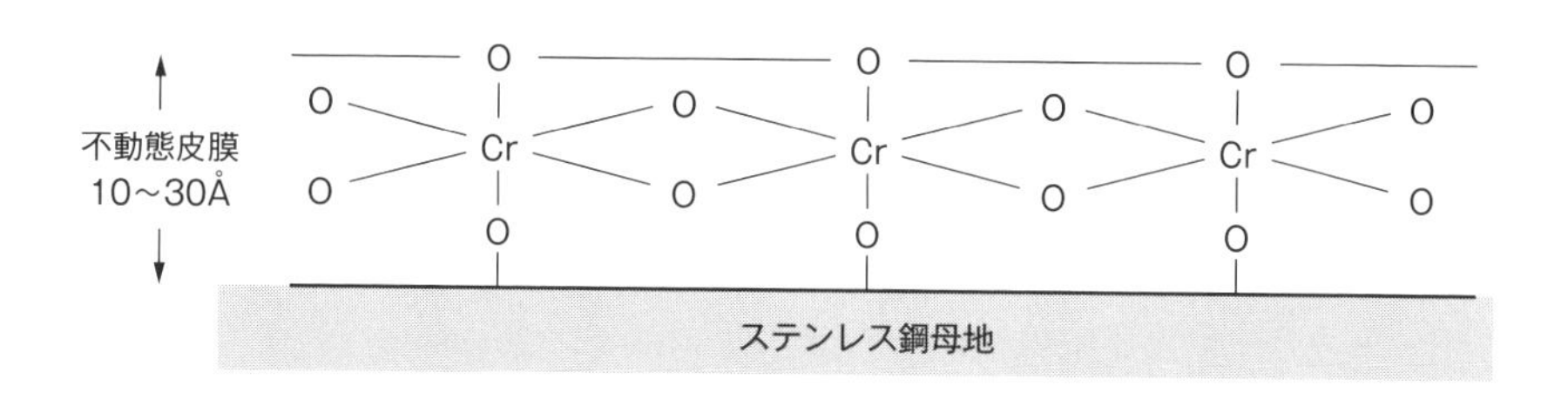

ます。

この成果を得て1913年にブレアリーは研究所の雇い主であったファース社とブラウン社に13%クロム鋼が高い耐食性を示すことを報告しました。しかし13%クロム鋼はあまりにも硬かったので、両社は研削や鍛造に向かないと興味を示しませんでした。そこでブレアリーは「錆びないチーズナイフ」を高クロム鋼で作って友人たちに配ったところ、それが大評判になりました。ブレアリーがステンレス鋼の発明者とされているのは、「彼が幸運だった」し、なによりも「意志が固かった」からだと述べられています。

1916年に、彼はステンレス刃物に関する特許をカナダと米国に特許出願しました。一方、1914年にファース社は、ドイツとイギリスにおいて同じような特許を出願していたクルップ社との間でイギリス特許に関する争いをしている間にイギリスでは多くの製鋼所が高クロム鋼の生産を始めていました。これにより「周知の事実」となってしまい、特許が認められることはなかったのです。

12 包丁やハサミのステンレス鋼は食器のステンレス鋼と同じ？

包丁やハサミのステンレス鋼と、食器に使われているステンレス鋼とは化学成分や熱処理の点からも大きく違っています。似て非なるものなのです。刃物用として開発されたものがマルテンサイト系ステンレス鋼です。炭素量を多くして硬さと切れ味を優先させています。炭素量は0・25～0・4％付近のものと、高炭素の0・6～0・7％程度の2種類があり、焼入れ・焼もどし処理をして使われます。

最初に開発されたステンレス鋼はSUS420（0・3％C−13％Cr）相当ですが、JIS420の化学成分はJISにはありません。その代わりにSUS420J1（0・2C−13Cr）とSUS420J2（0・3C−13Cr）の組成が規格化されています。SUS420J1は13Cr鋼の基準型であり、焼入れによって高い硬度が得られます。SUS420J2はJ1に比べてC量を0・1％ほど高くしているので、420J1より高い強度が得られます。このため主に耐摩耗性を要する製品に使われています。またC量をさらに高めたSUS410（0・15C−12・5Cr）も刃物としては硬さ、切れ味ともに優れています。

したがって刃物用としては、炭素の含有量を上げ耐摩耗性を高めたSUS420系鋼が包丁、ナイフ、そして外科用メスなどとして広く用いられています。しかし、鋼の最高硬さを得るためには、最適な熱処理（焼入れ、焼もどし）を行って高強度、高硬度を得なければなりません。このように熱処理によって幅広い機械的特性を与えることは可能です。またマルテンサイト系ステンレス鋼の強度や硬さは優れています。

一方で、食器用ステンレス鋼にはオーステナイト系ステンレス鋼やフェライト系ステンレス鋼が使われています。これらの鋼は、鉄にクロムを12〜18%、あるいはそれ以上のクロムを加え、炭素（C）量を0・10%以下に下げて加工性を徹底的に高めた鋼です。強度や硬さが低いため鍋やスプーンなどの食卓用金物を容易に作ることができます。

クロムと鉄だけの合金は耐食性に優れていますが、炭素を含まないので熱処理によって硬化させることはできません（非焼入れ硬化性）が、耐食性については非常に優れています。しかし、475℃脆性やシグマ（σ）相脆化（クロムを20%以上含む高クロム鋼などに現れる中間層で、非磁性で硬くて脆い）、900〜950℃付近での加熱、急冷によって高温脆化などが生じます。また、1000℃以上で加熱し空冷すると粒界感受性が高くなります。この原因については後述します。C量が増えればクロム炭化物が析出するため母相（マトリックス）の有効クロム量が減少します。このため、耐食性を考慮すればC量はできるだけ少量でなければなりません。

基本的なステンレス鋼の分類

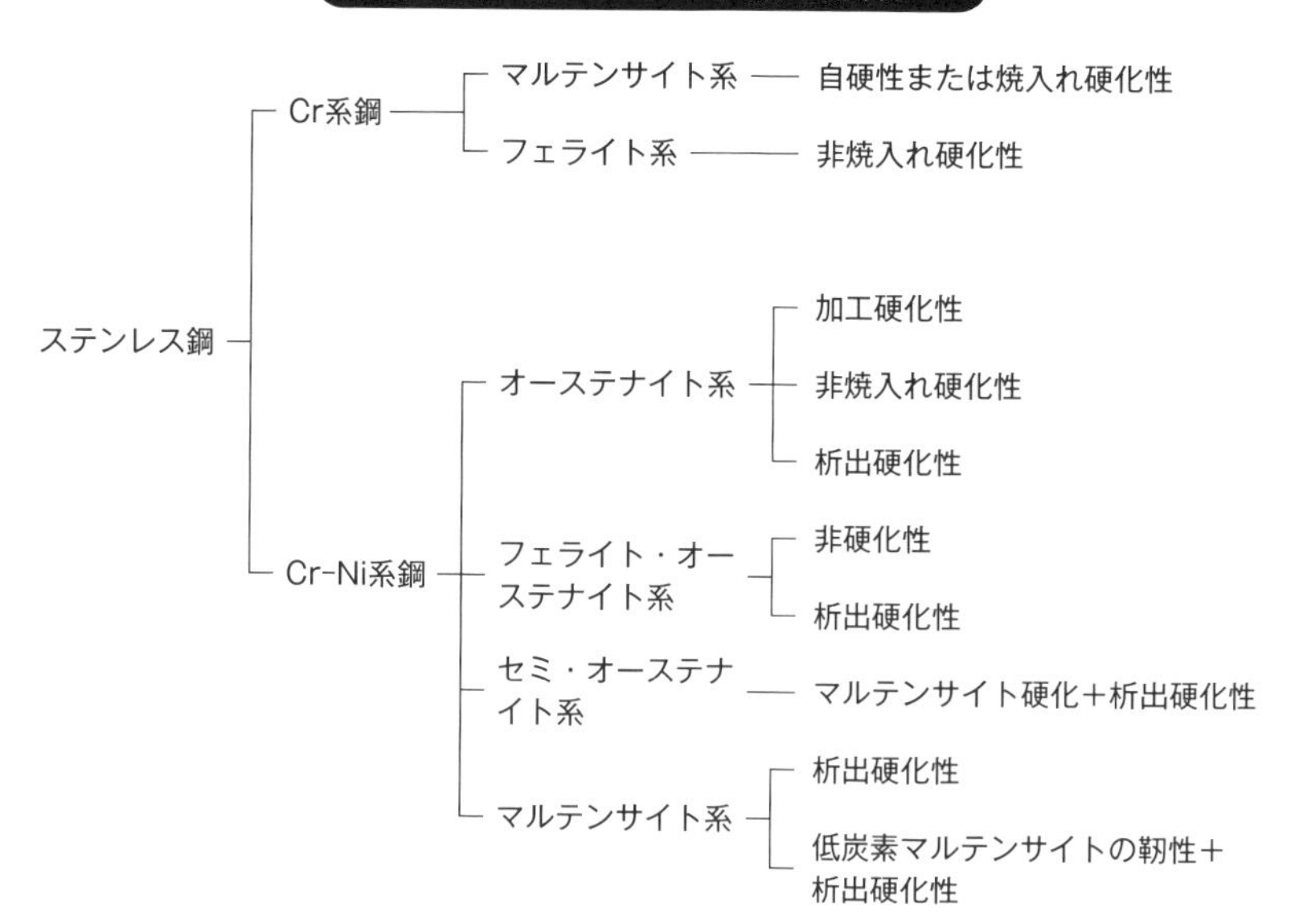

ステンレス鋼で作られた食卓用金物

13 炭素鋼やステンレス鋼以外に刃物になりそうな素材はあるか

・プラスチックスの刃物

炭素繊維を利用して樹脂で固めた強靭なカーボンファイバー製のナイフがあります。鉄よりも強度があって耐熱、耐摩耗にも優れ、さらに軽量で錆に強いのが長所です。レーヨンなどのアクリル樹脂や石油や石炭などの副生成物であるピッチを原料として作られています。

カーボンファイバーは単体として使われることは少なく、エポキシ樹脂などに含浸して使いやすい形態にしています。主成分が炭素であるため燃えやすいようなイメージをもつかもしれませんが、カーボンファイバーの構造はベンゼン環同士が縮合した六角網平面が積み重なった構造になっているので、４００℃以上の耐熱性があります。Ｘ線に探知されないナイフとしても知られています。アメリカの特殊工作員が使っているとの噂もあります。突き専用でペーパーナイフ程度の切れ味しかありませんが、飛行機内持込禁止です。日本国内では入手不可能です。

・チタンハイブリッド包丁

チタン製包丁は、単体のチタンではなくチタン合金に超硬質微粒子粉を混合して製造したものです。表面には光触媒酸化チタンがコーティングされているので、これによって食中毒菌の滅菌性能と付着有機物の酸化消滅機能を付与することにより食品包丁としての重要な衛生機能を保持していると品質表示されています。チタンに鋼の4倍の硬さをもつ超硬質微粒子が入っているというので調べてみました。

母相の硬さはＨＶ４５０付近ですが、微粒子粉の硬さはＨＶ９００もありました。刃物素材に硬い粒子を混合させて強度や硬さを高めようという考えは昔からありましたが、刃物の先端が摩滅してくると、写真に示すように硬い粒子が欠落してギザ刃になる確率が高いことを間接的に実証したものといえます。とはいえ、チタンの最大の特長は錆びない、軽い、比強度（強度を密度で除したもの）が高いことはよく知られた事実です。

・セラミック包丁

多くの場合、セラミックナイフや包丁はジルコニアと呼ばれる素材で作られています。耐熱性、耐食性、低熱伝導性、高強度などの長所をもつ素材ですが、硬いため、ちょっとした衝撃で欠けてしまうという欠点があります。セラミック包丁の長所は、①薄刃で切れ味が良い、②軽量である、③錆びない、④肉や魚の匂いがつかない、⑤切れ味が長持ちする（長切れする）などです。

他方、セラミック包丁の短所は軽量であるため、①軽すぎてコントロールしにくい、②硬く、弾性に乏しい、③折れてしまうこともある（刃先が硬いものに当たると欠ける）などが指摘されています。たとえば、カボチャなどは切りにくい、魚（刺身を含めて）や肉などをさばきにくい、硬くて大きなモノを切るには不向きで、また普通の砥石では研ぐことができない、などです。

セラミックナイフの先端部付近を切断して刃角と組織を調べたところ、小刃角は約60度、刃先角度が約5度と、かなり鋭利でした。刃先は両刃の形状をしていましたが、尖端は20㎛ほど欠損した形状をしていました。硬さはHV１４００～１５００付近と非常に硬い包丁がありました。

チタン合金製包丁

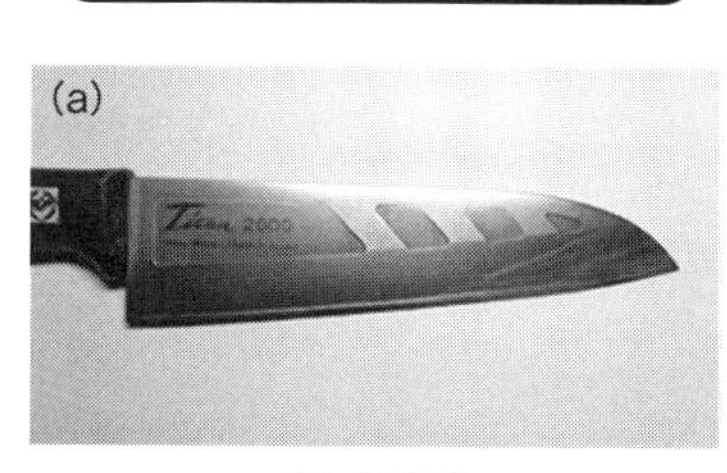

(a) 切断前

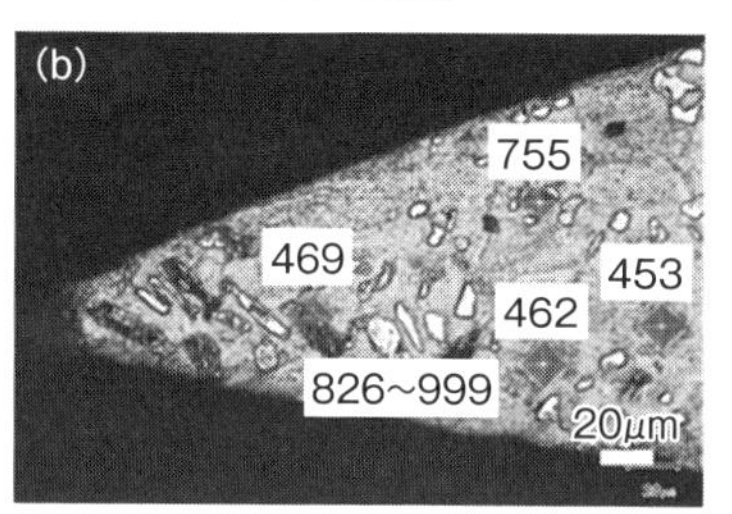

(b) 切断後、エッチング処理をした包丁先端部の組織

14 熱処理条件で刃物の寿命が変わる

同じ化学成分であっても熱処理条件が変われば刃物の寿命は大きく変わります。たとえば、S45C（炭素量0・45%）を用いて水冷、油冷、空冷そして炉冷処理をしたときのビッカース硬さを左頁のグラフに示します。

水冷するとビッカース硬さはHV700近くにもなります。通常、刃物には「焼入れ」といわれる水冷が用いられます。そして組織はマルテンサイトになります。刃物は焼入れをしなければ使い物になりません。

世間でいう「焼きを入れる」とは、人に活を入れることで、制裁をくわえるという意味に使われています。つまり、意に沿わない相手に多勢で鍛え直す、制裁を加えるなどを指しますが、刃物の世界で熱処理をして鍛えること、鍛え直すことから来ている言葉です。

このためには単に温度を上げて水冷をすればよいのではありません。オーステナイト化温度以上に赤めて、そこから水冷します。江戸時代、刀鍛冶に弟子入れした鍛冶職人は、いっさいのノウハウを教えてもらえず、見よう見真似で熱処理条件をはじめ、刃物の鍛え方を覚えたといいます。特に、この焼入れの温度（オーステナイト温度）が大切でした。温度が低すぎても焼きが入らずにダメ、高すぎても刃が脆くなる（オーステナイト粒径が大きくなる）ためダメでした。

さらに水冷するときの温度も重要な要素です。この温度を知りたいがために温浴のなかに指を入れたとたん、腕を切られたという話があります。教えてもらえない技術は盗み、盗まれないように技術を守るのです。

仮に水冷ではなく、油冷であればどのような硬さになるのでしょうか。

ビッカース硬さはおよそHV500になり、硬さが

S45C（炭素量0.45mass%）における熱処理条件とビッカース硬さの関係

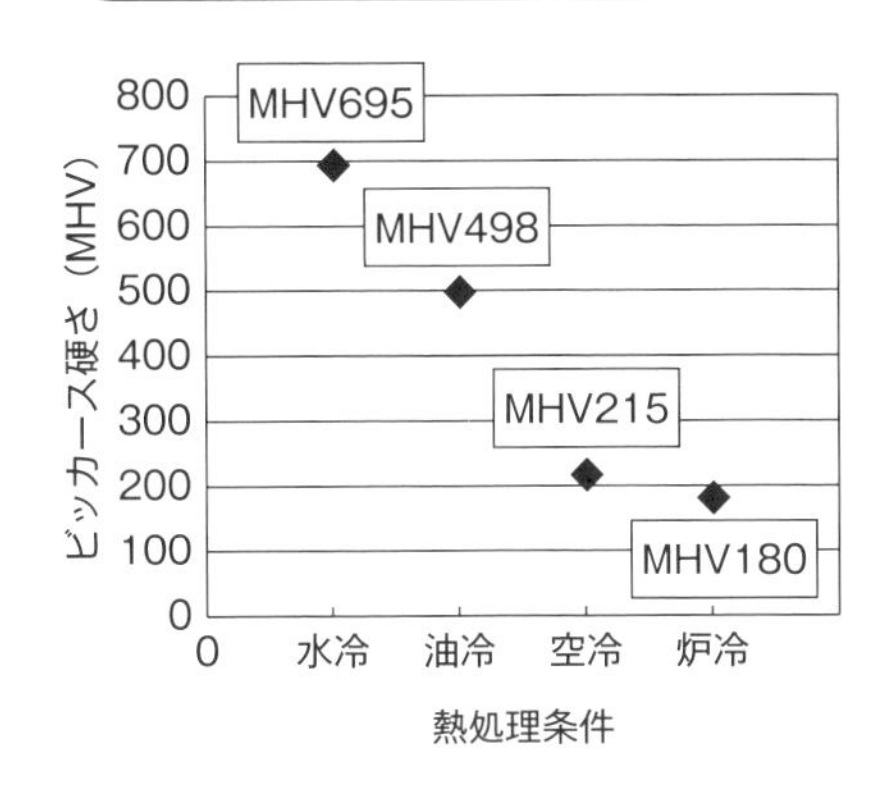

S45C（炭素量0.45mass%）における熱処理条件と組織の関係

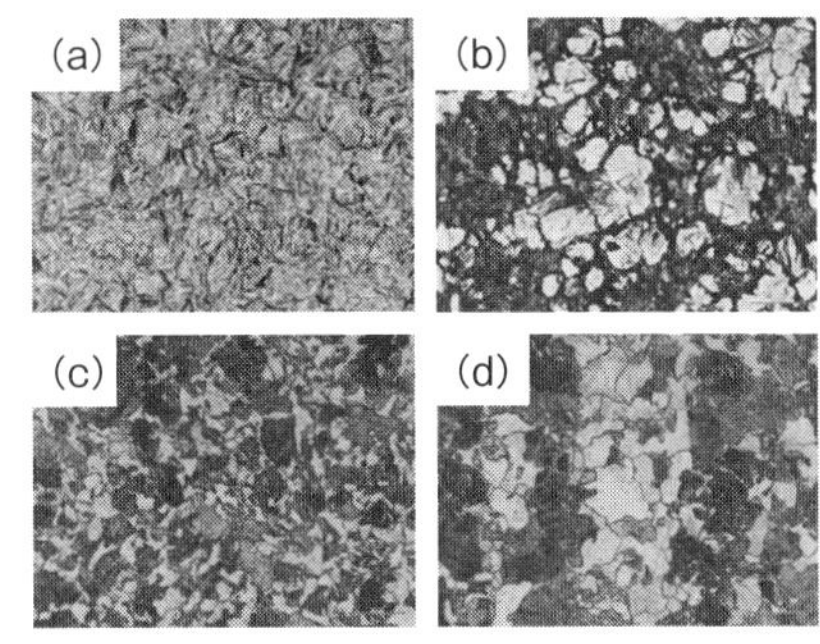

（a）水冷　（b）油冷　（c）空冷　（d）炉冷

ＨＶ２００も下がってしまいます。写真に示したように黒地が多く見られますが、この黒い組織はパーライトとベイナイトの混合組織で比較的軟らかい組織、そして灰色のマルテンサイトから構成されています。焼もどしてマルテンサイトになることによって強度は上がりますが、靭性は向上します。マルテンサイトの混合比で硬さが左右されます。パーライトは白いフェライトとセメンタイトからなる組織です。さらに空冷や炉冷になると、ビッカース硬さはＨＶ２００前後に低下して、３・５倍も硬さが低下します。硬さが低くなると軟らかいフェライト組織が増えるので、鉄の刃物に「焼きを入れる」ことの大切さがわかると思います。つまり、いい加減な熱処理をすると刃物寿命に大きな影響を及ぼすのです。

　しかし刃物寿命に影響を与えているのは熱処理条件だけではありません。用いる素材の成分によっても大きく変わります。炭素の量はもちろんですが、クロムやモリブデン、モリブデン、タングステンなどの添加によって刃物寿命は大きく変わります。熱処理の結果として結晶粒が微細化する、粗粒化などが影響をしています。

15 焼入れをして硬度が上がる理由

刃物は、オーステナイト域まで温度を上げた後に水冷をして使われています。一般に鉄を８００℃以上に加熱していくと、朱色に染まる温度付近がオーステナイト温度です。焼入れとは、一般に水冷のことをいいますが、ときには油冷（油中に刃物を漬ける）することもあります。油冷は硬さを多少とも犠牲にして靭性（粘さ）を必要とするときに行われます。鉄をオーステナイト域に加熱すると、析出していたセメンタイトは鉄中に固溶（金属の結晶格子の中へ他の原子が完全に溶け込む）します。その後、水冷すると、炭素が過飽和（鉄中に溶解度以上の炭素が溶け込んでいる）状態となってマルテンサイトが得られるのです。この操作が焼入れです。

焼入れをすると、どうして鉄は硬くなるのでしょうか。それは、どのような化学組成の刃物を焼入れするかによって性質は大きく異なりますが、通常はマルテンサイトが生成します。マルテンサイトの組織は、左頁の写真のように細かな組織（結晶粒微細化）や転位（結晶内のある面にすべりが起きた領域と起きない領域の境界に現れる線状の格子欠陥）が多く見られるのが特長です。

では、マルテンサイトがなぜ高い強度＝硬さを示すのでしょうか。それは、固溶強化、転位強化、結晶粒微細化強化、析出強化などが組み合わされて硬さが増すからです。

マルテンサイトの強度は、主に添加した炭素量によって決まることが知られています。マルテンサイトはMs点（鋼を冷却したときマルテンサイトに変わりはじめる温度）以下の温度に冷却することによってマルテンサイトができます。この焼入れによって組織はマルテンサイト

テンサイトになりますが、5～20%はオーステナイトのままで残ります。これを「残留オーステナイト」と呼んでいます。

焼入れしたときにオーステナイトが残ってしまうと、マルテンサイトに比べて軟らかいので量的に多くなると結果として硬さが低くなってしまいます。特に刃物のように硬さが要求される製品では硬さ不足になります。さらに残留オーステナイトは不安定ですから、室温でも長い年月の間には次第に変態をして寸法変化を起こします。包丁のようなものであれば多少のゆがみは我慢ができますが、精度を要求される理美容ハサミでは髪の毛が切れなくなります。

このように残留オーステナイトの生成は硬さに悪影響を及ぼすため、できれば生成したオーステナイトを100%マルテンサイトにすることが望ましいのです。

このためにはサブゼロ処理を行います。この処理をすることによって経年変化を防止することができます。しかし、焼入れした後、長時間放置した鋼に短時間のサブゼロ処理を行っただけでは100%マルテンサイト変態をさせることはできません。冷やすといっても生半可な冷やし方ではだめです。ドライアイスとアルコールを混合させると、おおよそマイナス80℃になりますから、焼入れ直後、せいぜい30分以内にサブゼロ処理を行わないとオーステナイトの安定化が起こり、マルテンサイト変態が起こりにくくなります。しかし、この差は5%前後ですので、あまり急ぐ必要はありません。むしろサブゼロ温度をマイナス80℃付近にすることこそが大切です。

SUS420J2における マルテンサイト組織

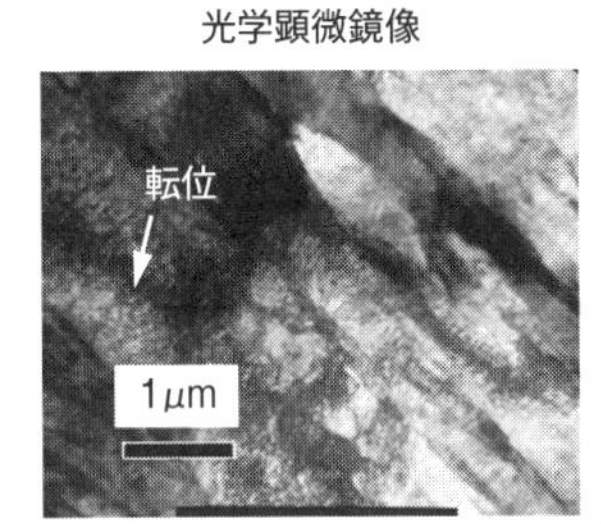

光学顕微鏡像

透過電子顕微鏡像（細い線の集合が転位）

16 炭素量で刃物の硬さが変わる

0・1〜1・5%の炭素鋼を1050℃、30分加熱後、水冷することによって得た炭素量とビッカース硬さの関係を求めたのが左頁のグラフです。横軸に炭素量、縦軸にビッカース硬さを示します。このグラフから1・2%付近に硬さのピークがあります。炭素が0・5%まではビッカース硬さは炭素量に比例して増加し、0・5%を越えると硬さは飽和する傾向を示しますが、ビッカース硬さは最高でHV800になります。

マルテンサイトの形態変化と残留オーステナイト生成に及ぼす炭素量の影響についてG・R・シュパイヒらが調べています。彼らによると、0・4%Cを越えると残留オーステナイトが生成し、この残留オーステナイトの増加に伴いビッカース硬さが低下（あるいはマルテンサイトが減少）すると指摘しています。

他方、同じ炭層量の鋼材を炉冷したときの硬さがグラフの下側に示した鎖線です。同じように炭素量が増すにつれてビッカース硬さは増加しますが、最高でもHV300程度です。なぜこのように低い硬さになるのかは、組織がフェライトとパーライト（フェライト＋セメンタイト）であり、一部にセメンタイトが析出することによって、マトリックス中の炭素の固溶量が減少することに起因しています。

マルテンサイトは、ある与えられた化学組成の鋼において最も高い強度を示します。鋼のマルテンサイトが高い強度を示す理由としては、①炭素の過飽和固溶体である（固溶強化）、②高密度の格子欠陥（転位など）を含む（転位強化）、③微細組織を有する（結晶粒微細化強化）、④Ms点が高い場合には冷却時に微細炭化物が析出する（析出強化）、などが指摘されています。

Fe-C鋼の炭素量と金属組織

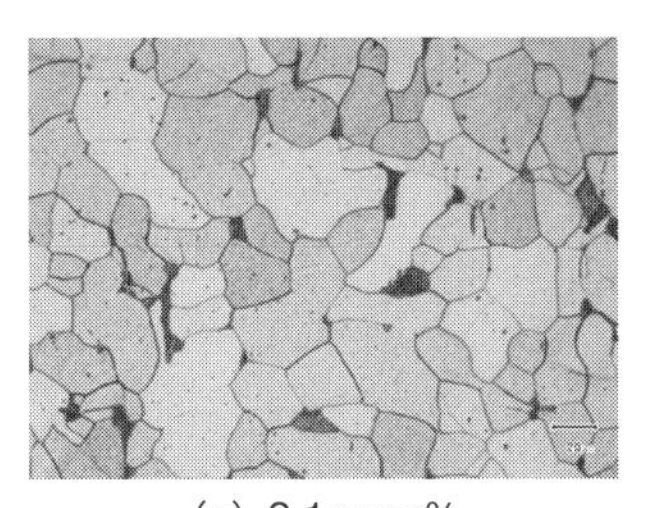

(a) 0.1mass%

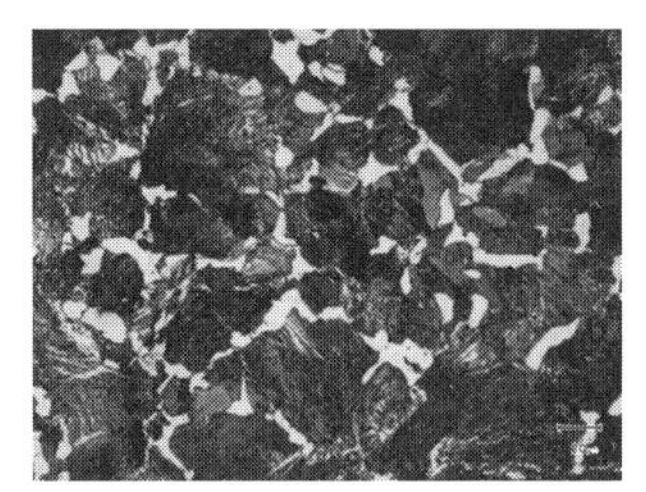

(b) 0.5mass%

(c) 1.5mass%

Fe-C鋼の炭素量とビッカース硬さの関係

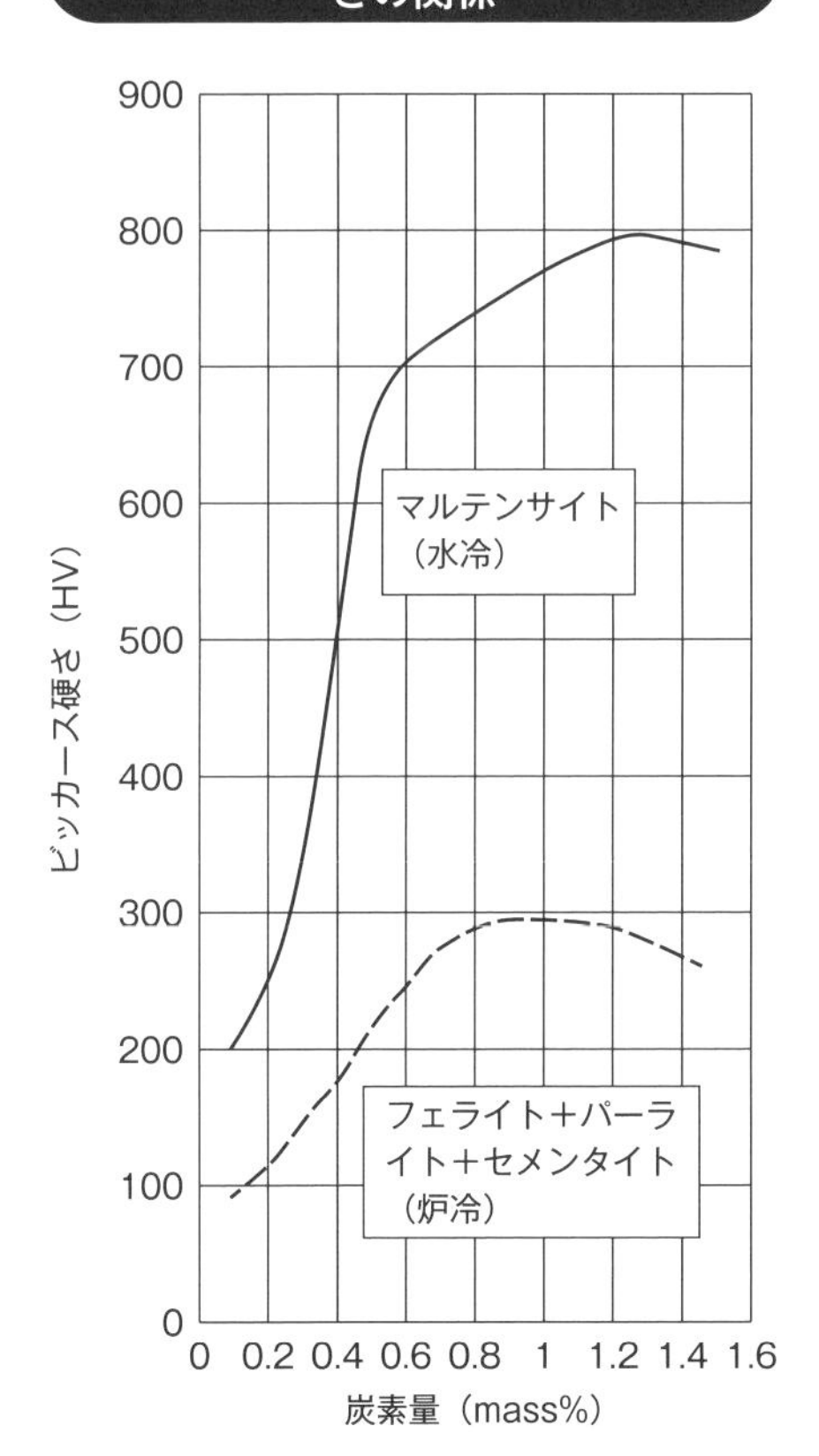

焼入れ状態におけるマルテンサイトの強度は主として添加した炭素量によって決まります。一般に８００℃以上に加熱しオーステナイト組織とした後、水または油中に入れて急冷させてマルテンサイト組織にします。焼入れ＋焼もどし後にMs点以下に水冷した後、マイナス80℃に冷却することを「サブゼロ処理」といいます。この処理をすることによって経年変化を防止することができます。

17 金属を強化する方法はどんな技術が使われるか

鉄鋼を強化することは、包丁やナイフの切れ味を高めることにもなります。工業的に作られている鉄鋼材料のなかで最も強いものにピアノ線があります。降伏強さ（巨視的な塑性変形が始まる応力）は約3000MNにもなり、直径0・1㎜以下の細さになると、さらに強くなります。しかし刃物では、それほど大きな強度は必要ありません。

鉄鋼の強化方法には以下のものがあります。

・結晶粒微細化強化

結晶粒界は転位の運動を妨害する障害物のようなものです。結晶粒界は原子配列の乱れた境界ですから、結晶のつながりはほとんどありません。また、不純物などが多く集まっています。このように多くの転位が集合しているような状態は、バリケードが山のようにあるので転位を動きにくくしている壁のようなものです。つまり、結晶粒径が小さいほど結晶粒界の単位断面積は広くなるので、強度も高くなります。

・固溶強化

炭素や窒素など母相（マトリックス）の原子半径に比べて小さな元素が結晶格子の間に入る（侵入型溶質原子）と、ひずみを生じて大きな強化をもたらします。このため転位の運動を妨害して強化されます。固溶体には侵入型と置換型があります。置換型にはフェライト生成元素とオーステナイト生成元素があります。前者はタングステン、モリブデン、バナジウム、シリコンなど、後者はマンガン、コバルト、ニッケルなどの元素があります。

・析出・分散強化

母相に炭化物や窒化物、炭窒化物、さらには金属間化合物などが析出することによって金属はとても強化されます。しかし、析出物が小さく密度も小さいとき、あるいは析出物が大きく密度が小さいときは、共にほとんど強化（硬化）されません。一方、析出物が適度に小さく、その密度が高いとき、強化は大きくなります。また、析出物が小さく密度も低いときも強化は期待できません。この析出強化は母相を沼地に、析出物を砂利に例えるとよく理解できます。砂利が小さすぎても大きすぎても沼地は硬くなりません。けれども刃物の場合、析出物が大きすぎると刃先は鋸歯状になってしまいます。カミソリの刃先が鋸歯状の場合、皮膚から血が噴き出すといわれています。切れないカミソリで髭を剃った経験のある人ならわかるはずです。

刃先に大量に析出物が生じて鋸歯状になったケース

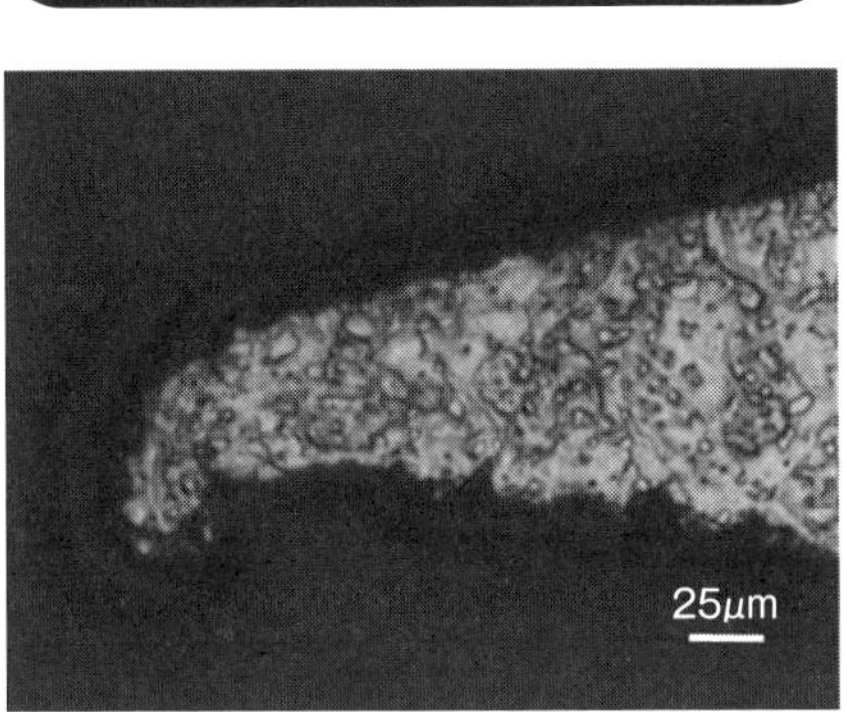

・加工強化

金属を叩いたり圧延することを冷間加工といいますが、このような加工をする強化＝硬化することはよく知られています。つまり、加工によって転位が増殖します。ペンチがなくても細い針金を繰り返し折り曲げていくと、いつかポッキンと破断します。この過程を電子顕微鏡で観察すると、多くの転位が増え、転位と転位が交差して、最後には転位が動かなくなって、セル（転位環）を形成します。すると、応力が集中して破断をします。加工によって転位が増殖することにより母相がガラスのように脆くなるためです。

そのほかに規則化強化がありますが、ここでは割愛します。

このように強化する方法は多くありますが、金属はこれらの要素が相乗されています

18 析出物は刃物にとって不利か

１００円包丁の中央部（切れ刃）付近の断面組織を左頁の写真に示します。中央部の刃部には「へたれ（返し）」は観察できなかったので、購入したばかりであればそれなりの切れ味をもっていることが推測できます。ビッカース硬さは中央部付近ではＨＶ５００、エッジ部（包丁の端）ではＨＶ３００付近でした。ちなみに、使用されている材料は13クロム系ステンレス鋼に相当するものと考えられます。

光学顕微鏡で金属組織を観察すると、結晶粒界には濃い黒線が鮮明に見えます。これは脱炭層です。脱炭層を除いた組織はマルテンサイトのように見えますが、一部でフェライト相も見えました。さらに鍛造あるいは圧延の影響、もしくは合金元素の偏析の影響と考えられる「しわ」が中央部（切れ刃）付近に観察されました。しわは、あるよりもない方がいいです。小刃角（尖端）は35度でした。

走査電子顕微鏡によって高倍率観察すると、包丁の中央付近のしわ部や旧オーステナイト粒界やフェライト粒界付近には多くのクロム系炭化物が球形で観察されます。通常、このようなクロム系炭化物が粒界に析出すると粒界付近のクロムが欠乏するため、粒界腐食感受性が高くなります。簡単にいえば、この炭化物はクロム濃度が高いために周辺の母相（マトリックス）はクロムが欠乏しています。つまり、粒界付近のクロム濃度が低下するため粒界が錆びやすくなります。クロム系炭化物の周囲にクロム欠乏層が生じると十分な耐食性が維持できなくなり、包丁に錆が生じます。

１００円包丁をいろいろな視点から調査を行った結果、①クロム欠乏層が認められ局部的にも錆が生じやすい、②ビッカース硬さも大きく焼もどしされたよう

100円包丁の中央部（切れ刃）における刃先部

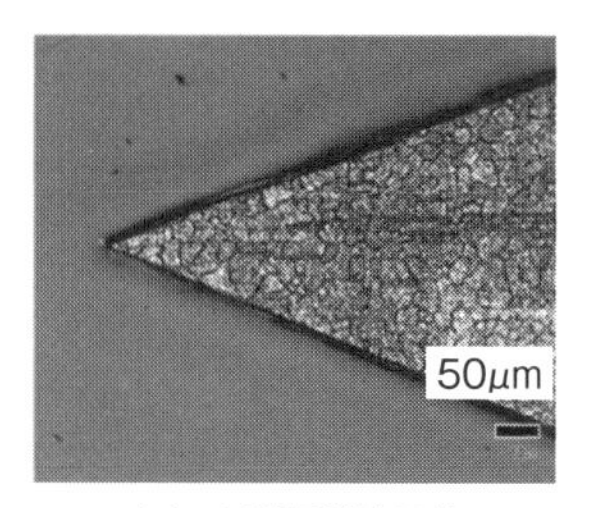

（a）光学顕微鏡写真
（200倍）

（b）走査電子顕微鏡写真
（10,000倍）

ステンレス鋼の結晶粒界とクロム欠乏層

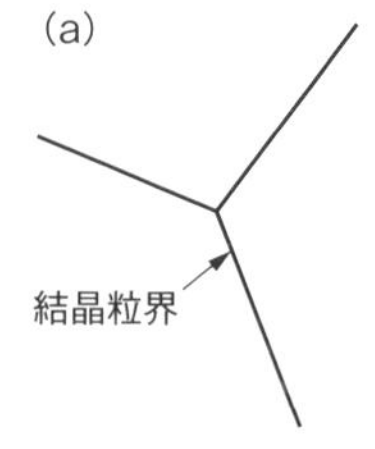

（a）通常の結晶粒界

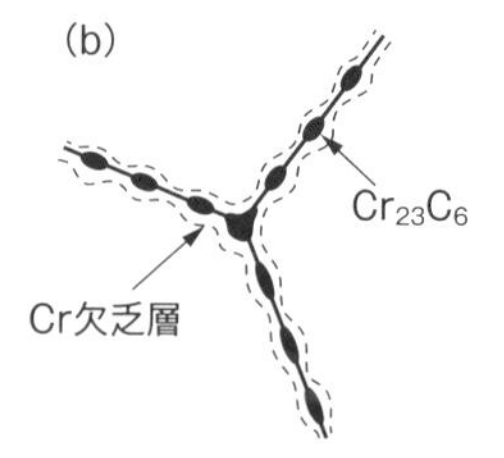

（b）クロム系炭化物とクロム欠乏層

な硬度の低い領域があった、③最大の欠点は穴やキズが多くあり、このキズや穴に肉片や野菜片が入り込むと細菌の温床になりかねないという衛生上の問題が認められました。

また13クロム（フェライト）系ステンレス鋼は、925℃以上に加熱してから急冷すると粒界腐食に対し鋭敏になるので注意が必要です。経費節減のために炭素量の低いステンレス鋼をガス浸炭処理した場合にも粒界酸化が生じます。この場合も結晶粒界に沿ってクロム欠乏層が生じます。さらに析出物は鋸刃にもなるため対象物のカット面はきれいにはなりません。

19 「返し」が切れ味や切断力を下げる

刃物を捨てるきっかけは「切れなくなってしまう」ことです。

切れ味を決めている大きな要因は、材料硬さと刃角度です。鋼の刃物であってもステンレス刃物であっても、焼入れをしなければ材料固有の硬さを発揮することはできません。しかし、どんな素材であっても、最適な焼入れを施したとしても、材料に合った断面構造と高靭性（適当な延性や粘さ）をもった硬さをもっていなければ、刃先はすぐに丸くなり、切れなくなってしまいます。硬いだけではガラスのように刃先が欠けます。軟らかな素材であれば刃先は丸まってしまいます。

切れなくなった包丁の刃先の断面組織を写真に示します。先端部は残念ながら「返し（へたれ）」が生じています。返し量はおおよそ20～25㎛です。組織はマルテンサイトですが、旧オーステナイト粒界ないしはフェライト粒界に相当する場所には「クロム欠乏層」が黒く観察されます。硬さはＨＶ５７０～５９０付近でそれなりの硬さがあります。

錆は大気中に置かれた金属が腐食する現象で、鉄鋼（ステンレス鋼を含む）やアルミニウム、銅、亜鉛などの酸化物が生成します。鉄ベースの刃物では、水が付いたままにしておくと赤錆が発生し、最後には刃が欠落して使えなくなります。ステンレス鋼の刃物はクロムが12％以上添加されているため「錆びにくい」のですが、けっして錆びないということではありません。「もらい錆」とよばれ、鉄成分がステンレス鋼の表面に付着するとステンレス鋼が錆びたように見えます。

ステンレス製のかみそりもメンテナンスが悪いと赤錆が発生します。そのまま使っていると、錆が起点となって肌を傷つけます。また、いつの間にか浴槽の底に錆が発生するのも、水道水に混ざっている鉄分から鉄イオンが溶出して微細な赤錆が生じるからです。ヘアピンなどを落としたまま放置すると、ヘアピンが錆びてステンレス側に赤錆が移ります。これらの赤錆は、初期のうちに除去できれば広がることはありません。

このように刃物の切れ味や切断力を下げる要因は刃先の摩耗であり、返しです。また錆を起因としています。返しは仕上げ砥や皮砥で落としますが、中砥で裏研ぎをすると刃裏の幅が広がり、必要以上に減ってしまうことがあるので注意が必要です。砥石と切先の刃角が適切になるように裏（返し側）を研ぎますが、刃元から切っ先まで軽く1回で引いて「返し」を落とします。

刃先の丸まった包丁

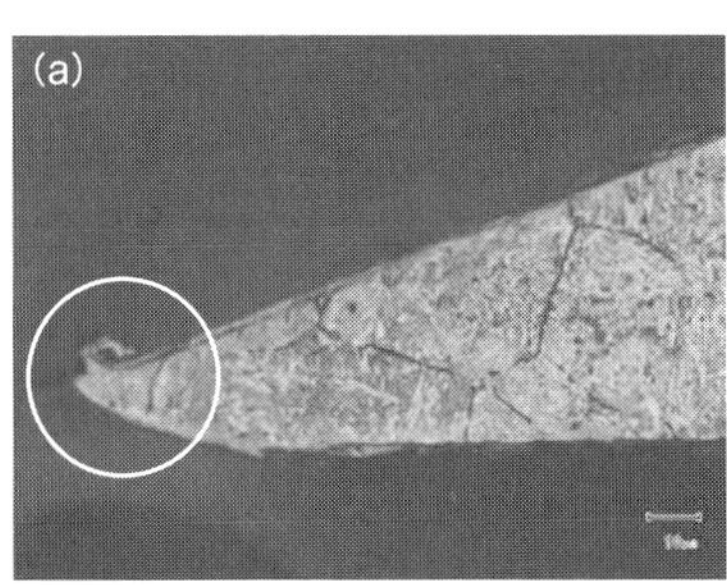

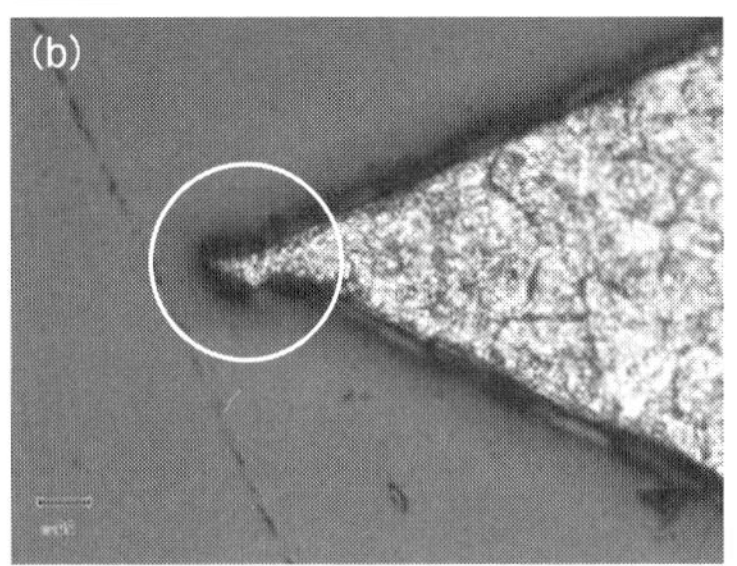

20 安い刃物は安いだけの意味がある

文房具など必要なモノがあったときは、まず100円ショップを覗いてみます。当初は「この店のなかの商品のすべてが本当に100円だろうか」とびっくりしてしまったことがあります。その反動で町の文房具屋が減少しているといいます。特に台所用品や小物の電気器具、プラスチック製品もよく売れています。

そこで著者はステンレス鋼の包丁とハサミを購入し、金属組織の観察とビッカース硬さ試験をしてみました。100円ショップのビジネスは「50円台で仕入れて100円で売る」ことを基本としているようです。すると、購入した包丁やハサミも50円台で大手チェーンが大量仕入れをしていると考えると不思議でなりません。いったい50円台で作る包丁やハサミの品質は高級品に比べてどのような違いがあるのであろうかという関心を抱きました。他方で、数千円や数万円もするような包丁やハサミと100円包丁ではどのような違いがあるのでしょうか。それとも、ほとんど違いがないのかを検証することは大いに興味がありました。

左頁の上の写真は100円ショップで購入したステンレス鋼製包丁です。この包丁の成分分析はしていません（分析をするだけで数万円がかかります）が、マルテンサイト系ステンレス鋼が用いられていると考えられます。ファインカッターを用いて包丁の先端部と中央部（切れ刃）から試験片を切断して観察をしました。走査電子顕微鏡によってまず包丁の刃部側面を観察してみました。

するとどうでしょう。倍率が100倍程度の低い場合はあまり大きなステップに見えませんが、500倍になるとノコギリの刃のようにギザギザに見えます。包丁の性能としては優れているとはいえません。さらに包丁の側面には多くの穴やキズが観察できました。この穴は包丁としては最悪です。キズや穴は内部まで入り込んでいますから、肉片や野菜片が挟み込まれたらなかなか取り除くことはできません。キズや穴の存在は細菌の温床になりかねません。衛生的には大きな問題があると指摘できます。

１００円包丁のすべてがこのような状態であるとはいえませんが、安いなりの品質保証しかないのかと残念に感じました。

100円包丁の外観と試料採取位置

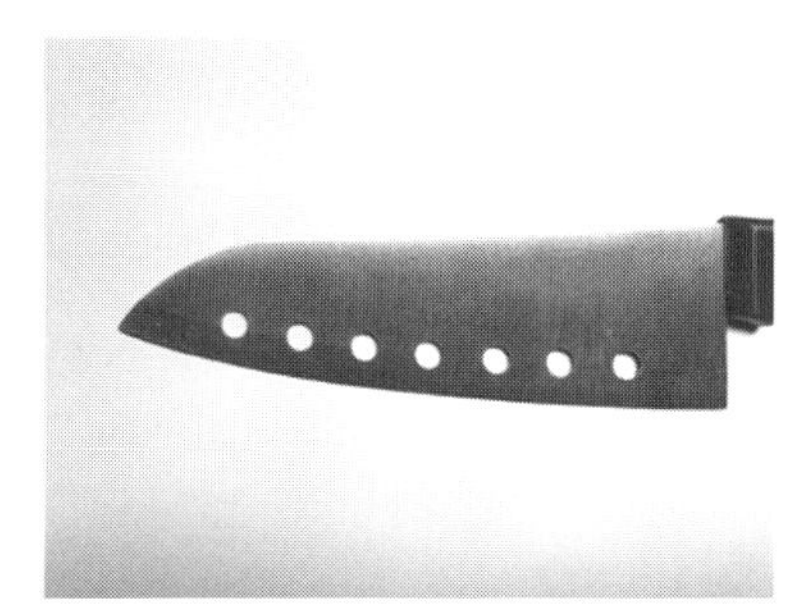

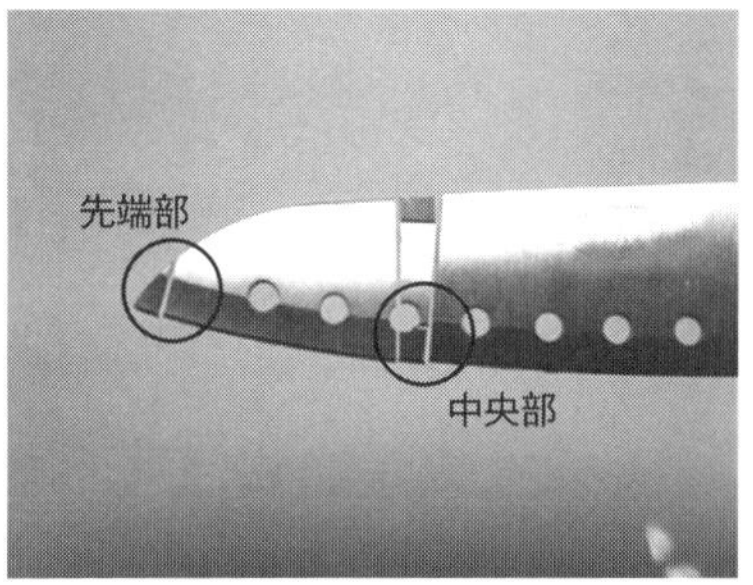

走査電子顕微鏡で見られた100円包丁中央部(切れ刃)の表面キズ

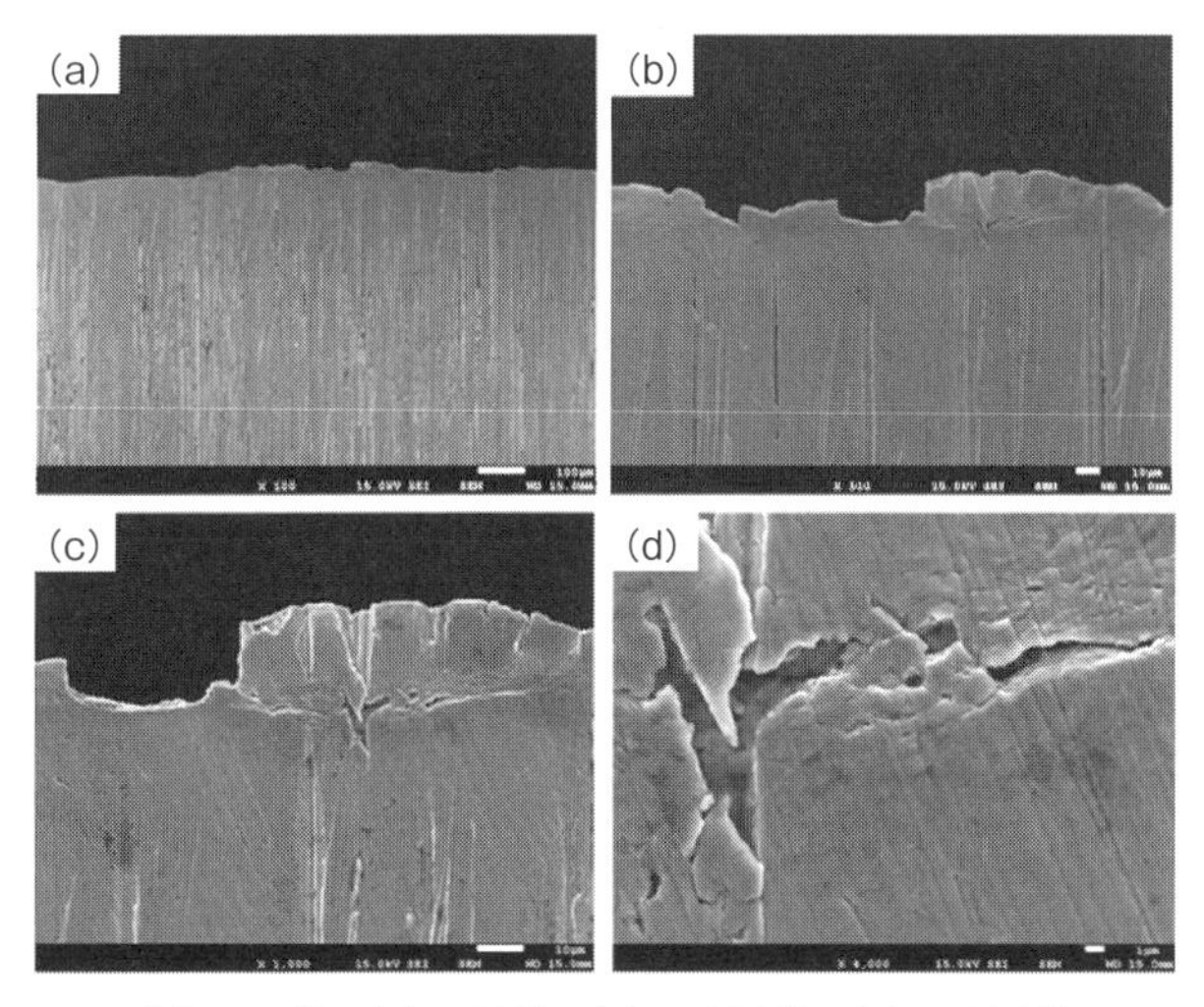

(a) 100倍　(b) 500倍　(c) 1,000倍　(d) 4,000倍

21 高級刃物の本質的な違いはどこにある

国内外の多くの由緒ある料理店では高級刃物店の有次や木屋の包丁が使われています。有次は京都・錦市場にあり、創業は永禄3（1560）年に遡ることができる老舗中の老舗です。木屋は東京・日本橋にある老舗で、創業1792年ですから、どちらも200年以上の歴史があります。この大老舗の出刃包丁を分析の対象にさせていただきました。

有次の出刃包丁は合金工具鋼SKS2に相当する素材、木屋の出刃包丁は炭素工具鋼SK5に相当する素材が使われていました。両者の相違点は、炭素、クロム、タングステンの添加量にわずかの違いがみられ、特にタングステンは有次の出刃包丁に添加されており、木屋の包丁には添加されていませんでした。一般にタングステン添加の効果は母相への固溶強化と微細析出することによって材料を強化すると考えられます。さらにタングステンは、(Fe,Cr,W)$_3$C などの炭化物を形成します。炭化物のなかにタングステンが固溶して炭化物の粗粒化を抑制する働きがあることは過去の著者らの研究からもわかっています。

有次の出刃包丁が本焼き包丁なのか着鋼包丁のどちらかであるかがわかりません。そこで、包丁をエッチング処理して光学顕微鏡によって組織観察を行いました。刃先角度は18度と鋭利でしたが、小刃と呼ばれる角度は20度程度にされており、わずかに鈍角にされています。通常の出刃包丁は30～40度の角度ですから、それらの出刃包丁に比べて非常に鋭利であることがわかります。つまり、良く切れる「切れ味」の優れた出刃包丁といえます。また組織観察の結果から、この出刃包丁は着鋼包丁であることがわかりました。

有次の出刃包丁の組織は典型的なマルテンサイトで

有次の出刃包丁の刃先部の断面組織

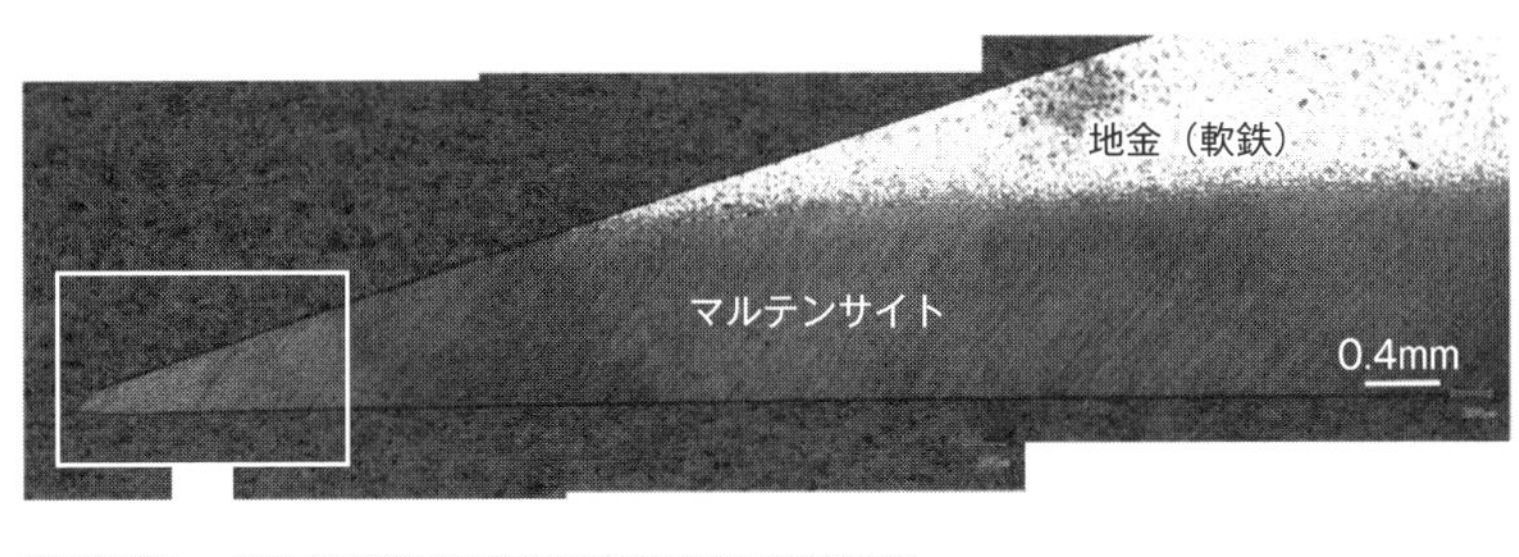

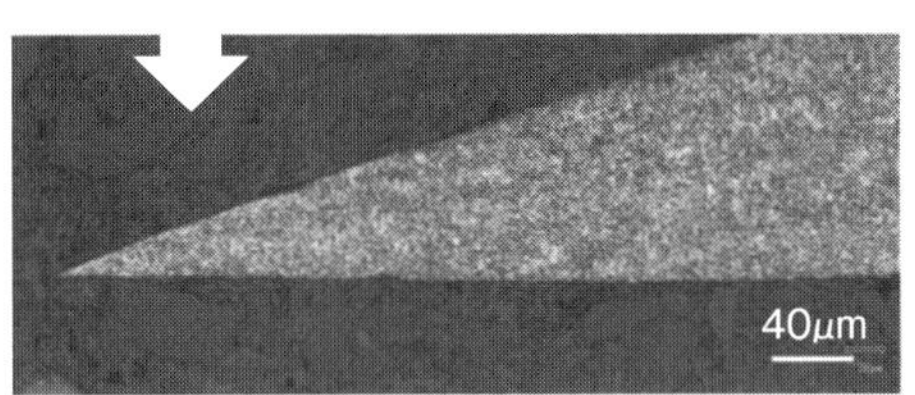

す。この包丁の素晴らしい点は、刃先部には研磨によるバリ（刃先の曲がり）がまったく見られなかったことです。鍛接によって炭素量の異なる鉄を接合した「打ち刃物」には、必ずコントラストの異なる接合界面が存在します。そこで、接合界面付近の組織とマイクロビッカース硬さ試験を行った結果、マルテンサイトの硬さは多少幅がありましたが、包丁の内部はMHV950～1000でした。これに対して鋼と軟鉄の界面はMHV333～179→153になっており、組織に対応した硬さの勾配が認められました。この硬さの勾配は包丁の切れ味とは無関係ですが、研ぎには関係します。

木屋の高級出刃包丁における切れ味の鋭さは、刃先の刃角度に加えて、刃の素材硬さにも依存することがわかります。木屋の出刃包丁の組織をエッチング処理したところ、エッチング時間は有次の出刃包丁に比べて短時間でエッチングできました。有次の出刃包丁にはクロムとモリブデンが少量添加されていることから、耐食性については有次の出刃包丁の方がわずかに優れているといえます。

木屋の出刃包丁の縦断面の刃先を詳しく観察すると、やはり着鋼でした。刃先角度は18度であり、有次の出刃包丁と同じでした。しかし、木屋の出刃包丁の特長は小刃角が45度で、大きな小刃が形成されていました。小刃を付けるか、鋭い刃のままであった方がよいかの判断は難しい問題です。しかも直接鋭い刃を付けようとしても、素人が砥石で研いだのでは鈍角になってしまい、鋭い切れ味は得られません。

このため、刃先寿命を長くするために一般に行われている方法は「2段刃」が適しています。先端部がわずかに0・1㎜ほど短くなっているだけですから、人参やカボチャなどの硬いものを切るのはもちろん、魚などを切るときにも実用上は切断抵抗を感じることはありません。

この2段刃を「切れ味の良い刃物」と評価する人もいます。刃物の専門家も「先端を鋭く研いだ刃物と、小刃の付いた刃物の切れ味は全く変わりない」と評価しています。また、この小刃を作ることによって、鋭く研いだ刃先と比べると寿命が10倍以上の耐久性を得ることができるとの報告もあります。鋭い刃は確かに力もいらずにきれいに切れますが、研ぐ回数も当然多くなるのでプロ仕様の刃物といえます。

木屋の出刃包丁の刃先部の断面組織

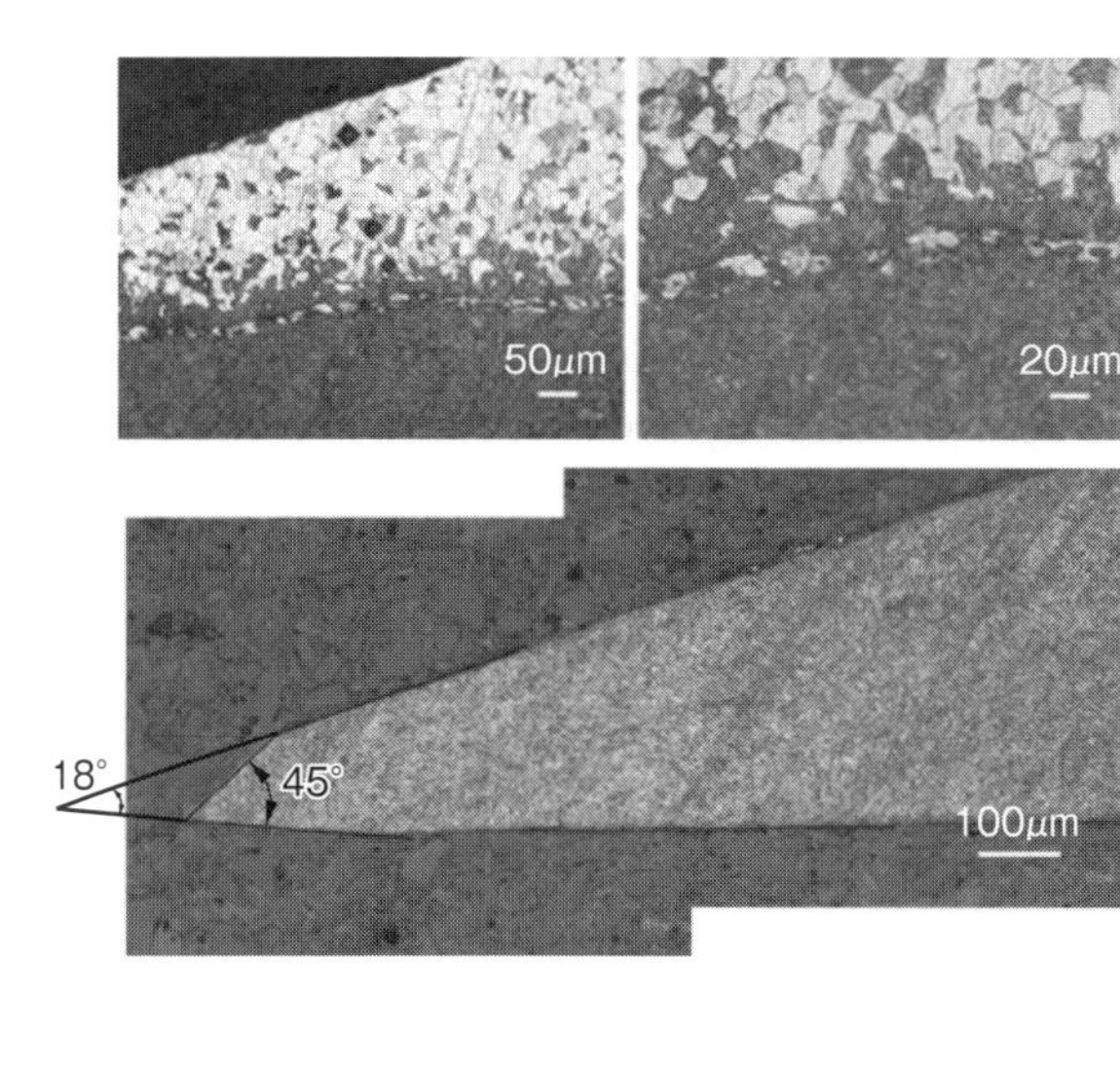

第4章

人の肌を切る・剃る刃物

22 医療になくてはならない刃物

1957年に報告された「手術用メスの切れ味に関する研究」という論文があります。この論文では、レンズや顕微鏡を使用してメスの刃先表面を拡大して検査しました。ウィーンの眼科医グレーフェ氏は、手術用メスの切れ味の良否が手術の成績に大きな影響を与えることを報告しています。

さらに手術用メスは「手術前に煮沸消毒、蒸気消毒、熱気消毒、薬液消毒などの方法で消毒をしますが、眼科領域ではグレーフェ氏線状刀のような鋭利で、繊細なメスを煮沸すると切れ味が鈍る」として、煮沸を敬遠しました。次に70%アルコールに1～2時間浸して手術をしましたが、メスの切れ味は悪いままです。この切れ味が鈍る理由については、おそらく酸化被膜（あるいは錆）が刃の表面にできるためと考えられます。

これは、水とエタノールが共沸をするために、エタノールが96%（質量パーセント）に対し水が4%も残ってしまうからです。このためアルコール中に長時間漬けておくと、メス先に錆が出て切れ味が落ちるものと考えられます。さらに論文では「医療用メスは、白内障手術の組織切開にあたっては重要な部分が少しでも傷ついていると、他の刃部がいくら完全でも切れ味を損なう」と指摘しています。

生体組織は「きれいに切断されていない」と手術後の回復が遅くなりますし、「きれいな切断（面）」は患者の負担が小さいといえます。手術に使う道具で重要な器械はハサミ（剪刀）です。手術のときにメスを使う場面がテレビドラマなどで映し出されるためにメスの使用が多いように思われるかもしれませんが、メスの出番は非常に限られています。術式によっても異なりますが、皮膚に切れ目を入れた後は電気メスで切れ目を拡げていく程度で、ハサミ類の出番が多いのです。

外科手術に使うハサミには多くの種類があります。生体組織を切るハサミ、糸を切るハサミなど複数のハサミが使い分けられています。特に内視鏡下や腹腔鏡下での腫瘍や血管などの組織切断用ハサミは、かみ合わせや切れ味が命です。血管を縛って血行を止める結紮糸などは専用の糸切りバサミで切られています。

写真に示したハサミは既存の眼科用せん刀と呼ばれるハサミです。著者はこのハサミを用いて豚肉を切断した後、凍結乾燥法で作成して走査電子顕微鏡で組織観察しました。繊維束が平らにまとまっているところが中央部に多く認められます。筋肉細胞もある程度切断されていることから、切れ味は非常に良好であるといえます。

このように医療用刃物は十分な切れ味と錆や汚れのない管理が要求されています。

眼科用せん刀

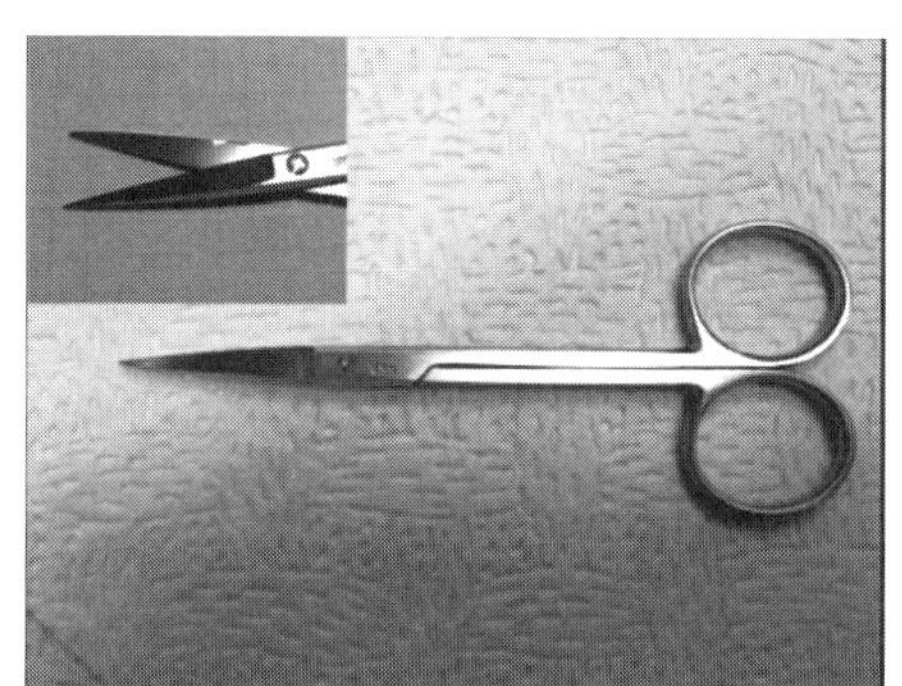

眼科用せん刀で切断した試料(豚肉)の走査電子顕微鏡写真（×1,500)

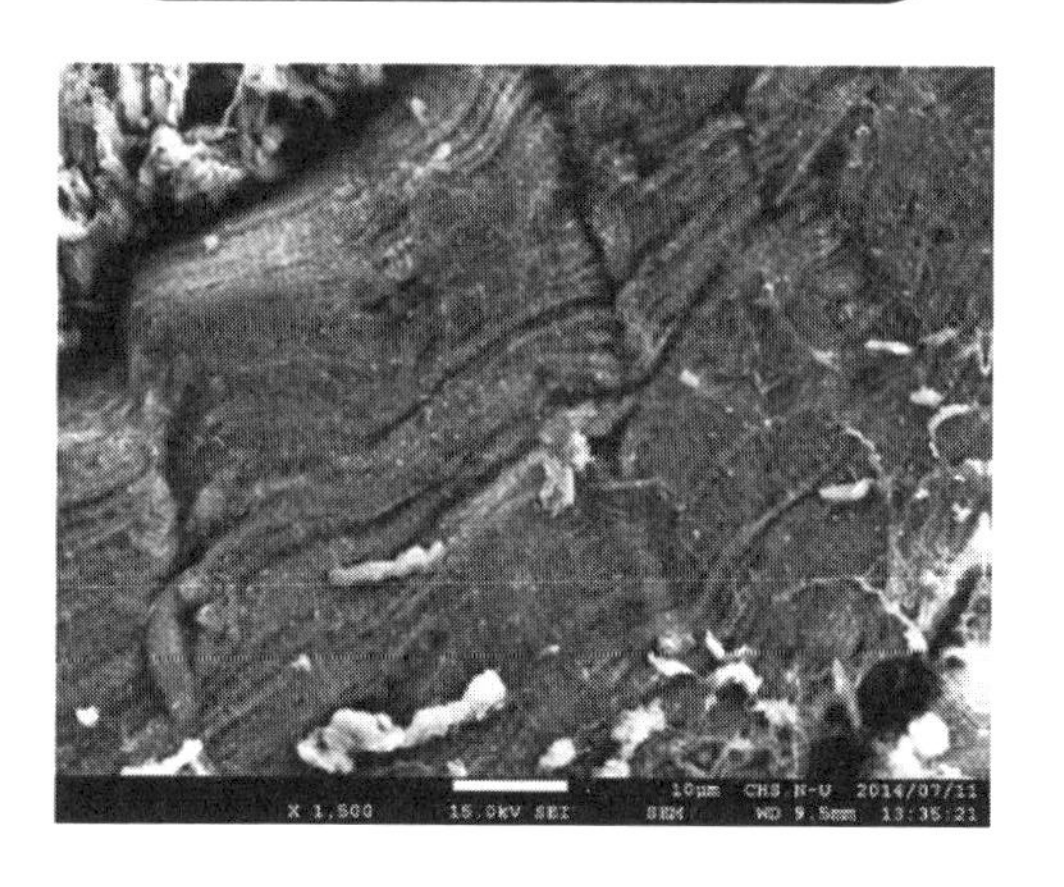

23 西洋のカミソリと日本のカミソリの違い

カミソリは神事に使われた神聖な祭事の道具の一つでした。日本におけるカミソリの歴史も古く、聖徳太子が摂政になった694年（持統天皇8年）前後であるとの記録があります。日本では僧侶の剃髪（ていはつ）の儀式用の法具として使われてきました。

その後、カミソリが一般の理容店で使われるようになったものの贅沢品であることに変わりはありませんでした。戦後も多額の物品税がかけられていたので、一般の人たちは頭髪を毛抜きで抜いていたし、ひげも毛抜きで抜いていました。それまでは1枚刃のヒゲ剃り（日本では和剃刀あるいは日本剃刀、西洋ではレザーあるいはストレートエッジと呼ばれています）が使われていました。これらのカミソリを維持するには中砥や仕上げ砥などの高価な砥石が必要なうえに、使いこなすにも習熟が必要でした。

日本でカミソリが作られた当時の材料は軟鋼でした。その後、鋼を軟鉄に貼り付けて作る「着鋼」へと発展しました。日本の鋼は「玉鋼」と呼ばれ、砂鉄をたたら製鉄によって作り出した日本特有の優秀な鋼です。日本刀の原材料としても有名です。日本カミソリの刃角度は20～23度くらいと計測されています。ちなみに俵国一教授が日本刀の刃角度を測定したところ20～22度でした。ほとんど同じ刃角度でした。

一方、アメリカ人のキング・C・ジレットは、安全でよく切れるカミソリがないものかと考えて、1903年に自らその開発に取り組みました。彼はすぐにカミソリのスケッチを作図し、金物屋から黄銅、スプリング、万力、ヤスリなどを取り寄せました。彼の考えた新しいカミソリは、顔の切れない安全カミソリの原型でした、この年の売上げは51個のホルダー、168

枚のブレードでした。当時40才のジレットが発明したT字型カミソリは、1904年に米国特許を取得し、1905年には25万個のレザーセットと10万個の刃パック（12枚入り）を売り上げました。このようにひげ剃りも安全カミソリが普及する前は、粗悪品だと顔中が傷だらけになってしまう危険があったのです。ひげ剃りのためにわざわざ理髪店まで出かけていた人たちは、安全カミソリや電気シェーバーの普及によって理髪店へひげ剃りに出かける必要もなくなりました。

岩崎航介氏は日本刀や剃刀などの研究家として著名ですが、1969年にまとめた自書「刃物の見方」のなかで舶来レザーと国産カミソリのビッカース硬さを試験しています。最も硬かったのが英国製のベースマンのHV938であり、最も低い硬さがドイツ製のテニスでHV751でした。国産レザーで最も高い硬さはHV876で、最も低い硬さがHV707でした。

当時の国産カミソリは舶来レザーに比べると硬さについては劣っていました。少なくとも欧米で作られたレザーは全鋼で、日本剃刀は合わせ鋼という点が根本的に違います。全鋼だと熱処理でブレード全体が同じ硬さになってしまうので、あまり硬くすることができません。

合わせ鋼は、熱処理によって硬くなる鋼と、硬くならず軟らかいままの地鉄を張り合わせた構造です。刃先を非常に硬くしても割れたり欠けたりするリスクが低減できます。

全鋼と着鋼を用いたカミソリの厚みや刃角度に顕著な違いはありませんが、形状の違いだけで肌荒れするかどうかという差にはなりません。両者の鋼材も多少化学成分が違っていますが、大きな差にはなりません。やはり切れ味が大きな問題です。

ジレットが発明した T型カミソリの特許図面

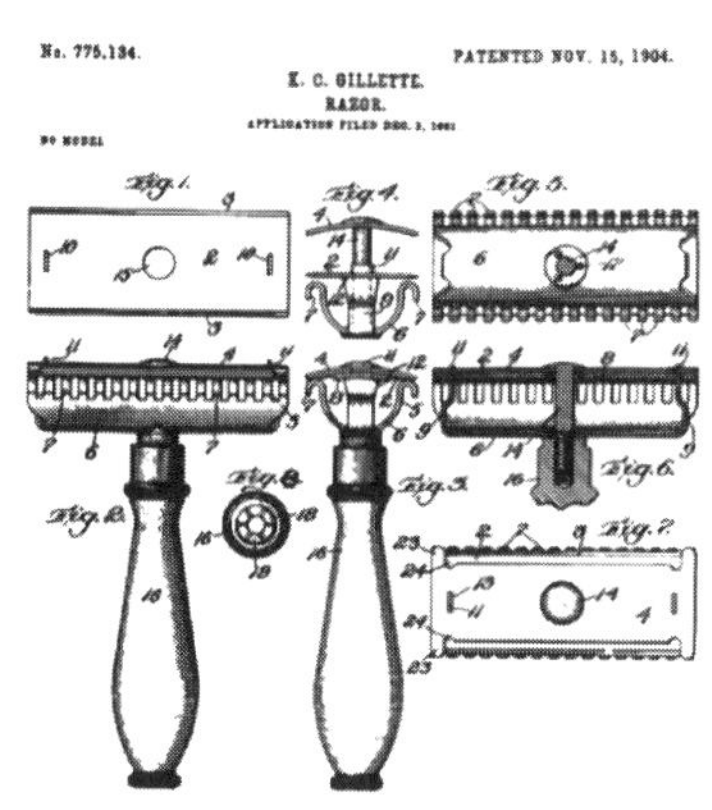

（出典）https://www.myrepi.com/formen/products/article/formen-150901-2

24 鋸歯こそが永久に切れ続けるというのは幻想か

刃物のはなしをするとき、かならず出てくる議論に「刃先の鋸歯（ノコギリ）状態」があります。前出の岩崎氏は、貴重な文章を残しています。「米国の理容師の教科書に、50倍と100倍で刃先をみた図を出して、そこに鋸歯状があると述べ、このために切れると説明している。吾国でもこれを鵜呑みにして、随分長い間、鋸歯状が無ければならないと信じられていた」とあります。確かに、この教科書が刃物の鋸歯）幻想を産みだしたものと考えられます。

その後、岩崎氏は「よく切れるカミソリ」の刃先について顕微鏡を用いて300倍で観察したところ、鋸歯状の刃先はまったく存在していなかったことを確認しました。さらに続きます。仮に鋸歯状に似た刃先であれば「それは欠け歯であり、未だに完全に研がれたものではない。（中略）血は絶対に噴かない。顕微鏡なしで研磨をしているのは、盲目が杖なしで歩くようなもので、科学的でない」と、喝破しています。著者も多くの刃先を観察してきた者としてまったく同感です。

そろそろ鋸歯幻想から解き放たれてもよい時期ではないでしょうか。本書では鋸歯状の刃先は、未完の刃先として評価しています。したがって医療用メスの具備条件は、①よく切れる、②生体や血液に触れても錆びない、③折れない、④刃先が鋸歯状ではないことが条件になります。医療用メスについて用途に応じた種類が多数ありますので、その代表的なものについて調べました。

岩崎氏による指摘の全文を掲載すると、「完全に研いだ刃物の刃先は、水平線のような一直線となっている。一直線の刃でひげを剃ると、剃られたお客は気持ちが良いし、皮膚はなめらかで光沢がある。血は絶対に噴かない。鋸歯状があると、この逆になる」と書かれています。

安全カミソリの素材は帯鋼（高炭素鋼）が使用されてきましたが、最近ではステンレス鋼が主流になっています。帯鋼の組成は、みがき特殊帯鋼（JIS G 3311）のSK120M（旧JIS=SK2M）の炭素工具鋼に相当します。炭素量は1・2%と高くなっています。JISの外観規定は、表面がなめらか、有害なひずみ、錆、傷、耳割れ、酸化皮膜などがあってはならないとされています。ステンレス鋼刃は、0・7C-13Crの化学組成を有しているSUS420J2相当鋼ですが、JISのC量は0・26〜0・4Cと低いので、炭素量が高めに設定されています。これらのことから切れ味と硬さを優先してC量を高めた特注品と考えられます。通常に使用されるカミソリの母相組織は、水冷と焼もどし処理が施された「焼もどしマルテンサイト」組織です。

著者の調査において、カミソリの刃角度は15度前後の鋭利であることがわかっていますが、刃先の凹凸（鋸歯状態）についてはまったく検討がつきません。そこでカミソリの刃先を走査電子顕微鏡（SEM）によって横断面を観察しました。観察したカミソリは国産両刃と国産片刃です。倍率2000倍で観察した結果は、岩崎氏の指摘のようにほぼ一直線の刃であることがわかります。1万倍で観察してやっと、欠けの深さが0・2〜0・5㎛（1万分の5㎜）であることを確認しました。刃先ステップの測定によって、これらのカミソリは血が噴かない素晴らしい優秀な刃物であるといえます。

国産両刃カミソリ〔(a)、(b)〕と国産片刃カミソリ(c)、(d)の横断面

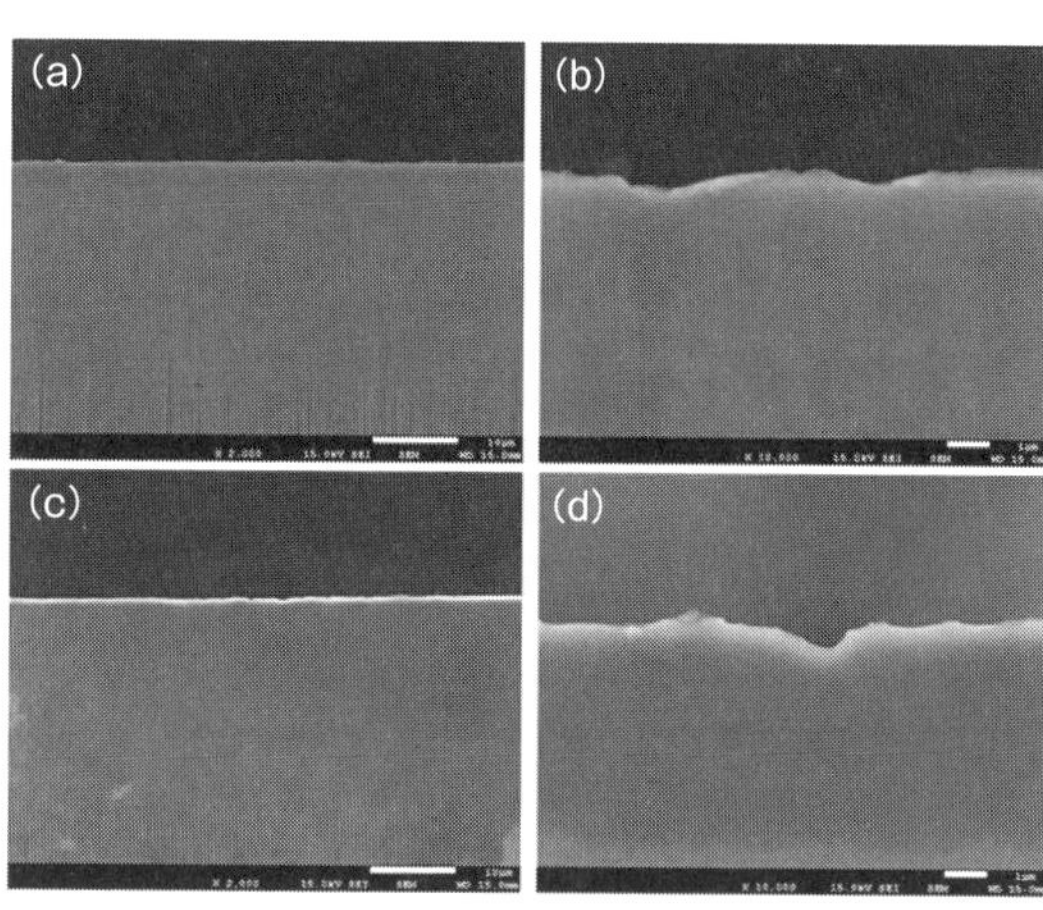

(a)(c)：2,000倍、(b)(d)：10,000倍

25 使い捨て医療用メスの切れ味

医療用メスは用途に応じた種類が多数あります。そのすべてを調べるわけにはいきませんので、直刀の形態をしているタイプを調べました。メスホルダーに入っているメスを取り出し、次頁の写真のように刃部を2カットしました。メスの先端を「先端部」とし、先端から2つ目の刃部を「刃元部」としました。この医療用メスの金属組織を観察するために、エポキシ系樹脂に埋め込み、平面研磨機で順次研磨を行い、さらにバフ研磨機を用いて鏡面研磨を行った後、金属顕微鏡によって金属組織を撮影しました。

材質は刃物用ステンレス鋼なので、化学組成は13クロムが主体です。C量は0・1~0・6%の範囲ですが、C量が多いほど硬さは高くなります。医療用メスとしてはJFEスチール㈱が独自に開発した(0・6~0・65)C－(12・5~14)Cr－0・06Nがあります。C量を高めにした0・65CとN量を0・06添加していますから、炭窒化物が生成されるために焼入れ硬さもHV830あり、優れた切れ味を有しています。

次頁の下の写真は医療用メスの刃先部の小刃部およびビッカース硬さを示します。左の写真は倍率500倍、右の写真は1000倍の刃先の金属組織です。マルテンサイトと微細炭化物の複合組織から成ります。小刃角(第3切削)は比較的低倍率の500倍では32度、刃先角度(第2切削)は27度が確認できます。小刃角の長さは90㎛(0・09㎜)で、このわずか0・09㎜が刃物寿命に影響します。1000倍になると小刃角は35度となり、倍率によってわずかに角度の読みが異なりますが、これは高倍率ほど精度よい読み取りになるためです。小刃域のマイクロビッカース硬さ(MHV)は846でした。

医療用メスの外観(a)と採取場所(b)

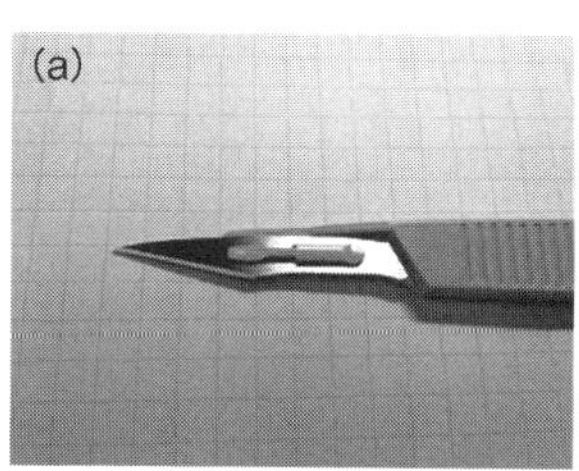

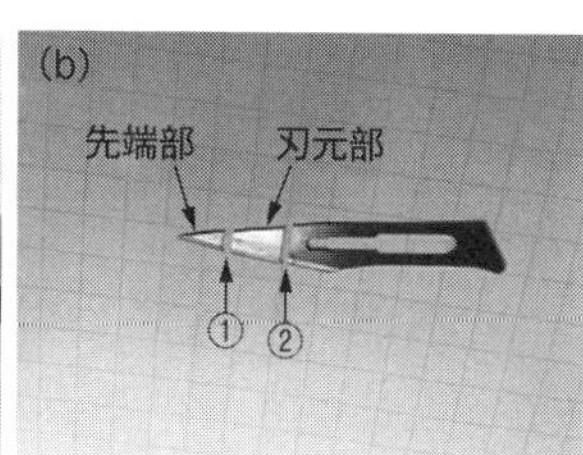

医療用メスの刃先部

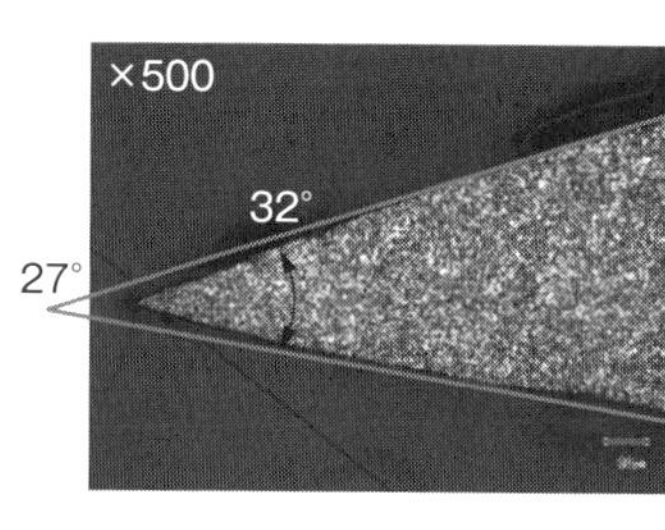

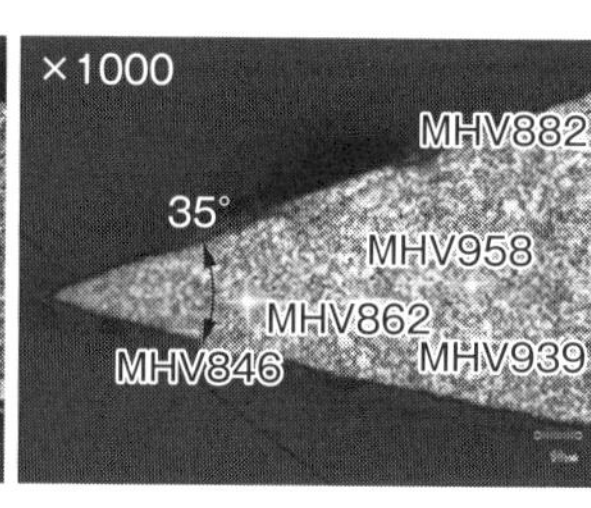

最先端部から30㎛刃元側に入るとMHV860～960になり、先端部よりもわずかに高い硬さを示しました。先端部の硬さがわずかに低かったのは、熱処理時における脱炭と加熱時間の違いが影響していると考えられますが、この程度の硬さ変化では切れ味には大きな影響を及ぼしません。

メスの刃元部の刃角はほとんど同じでした。ビッカース硬さは、先端部がわずかに硬いHV1031を示しました。金属組織は刃元に比べて刃先は黒くエッチングされており、マルテンサイトのラス幅が細く、密度も高いうえに、微細炭化物も多いと予測できます。他方、小刃域から離れた刃先角度の硬さはHV833～880と、刃先部に比べて180程度低いことが確認できました。通常の熱処理であれば断面積の小さな刃先部が脱炭によってフェライト化して硬さが低下しますが、医療用メスとカミソリでは熱処理条件が異なるために、最先端の小刃角域のビッカース硬さが高くなることもあるようです。

26 医療用ハサミと理美容ハサミの違い

医療業界ではハサミのことを「剪刀（せんとう）」と呼びます。特に外科医が使うハサミはこのような名称で呼ばれています。外科手術に使うハサミにはいろいろな種類がありますが、ここではクーパーについて説明します。ハサミはテコの原理が使われていて、力点がどこにあるかでデザインが異なります。通常はX型（支点が中心）が使われています。

組織を切るときのハサミ、血管を切るハサミ、糸を切るためのハサミなど複数のハサミが使い分けられていますが、何と言っても切れ味が命です。

手術用ハサミのなかでもっとも多く使われているハサミがクーパーです。「クーパー」という名称は、開発者であるイギリス人外科医ドクター・クーパー（1787年～1868年）に由来しています。ドクター・クーパーはヘルニアの治療に専念し「鼠径（そけい）ヘルニア手術」の礎を築いた人です。

取扱いメーカーによってハサミ長さは異なりますが、一般的なサイズは14cmほどです。メーカーによっては13～18cmのサイズまでを揃えています。ハサミの尖端が丸みを帯びているのが特長です。クーパー剪刀の名前がついたものだけではなく、「両鈍（両方が鈍刃）」、「両尖（両方が鋭刃）」「片尖（一方が鋭刃で、他方が鈍刃）」、など実に多くの種類があります。先が円いハサミを「クーパー」、先が尖ったハサミを「メイヨー」、先の曲がっているハサミを「曲がり」、先が真っ直ぐなのを「直」などとも呼ぶこともあります。結紮糸などを切る場合は専用の糸切りバサミが使われますが、クーパーで代用されるときもあります。このようにクーパーは雑剪とも呼ばれています。

理容ハサミにも多くに種類があります。理容師・美容師が思い通りのヘアカットをするためにいろいろなハサミが必要になります。

理容ハサミのすべてを紹介することはできませんが、ここではセニングシザーについて紹介します。

セニングシザーは梳きハサミともいいます。セニングは髪の量を減らして適量のボリュームにして、自然なヘアスタイルに調整するときに使います。動く刃の方がクシ状になっており、ギザギザに切ることができる構造になっています。梳き率は、ハサミで髪をつかんだときにどれほどの割合で髪が切れるかの割合です。梳き率8〜10％、60〜80％など梳ける割合が任意にカットできるハサミです。東洋人と欧米人では髪の太さが異なるので、髪を傷めず、そして適量を逃がしながら毛量がカットできるように先端は階段状に設計されています。このように目的に合わせて割り出されたハサミがセニングシザーです。

ハサミの材質はSUS420J2（0・3C－13Cr）が一般的に使われています。典型的なマルテンサイト系の刃物材料が使われています。焼入れ後さらにサブゼロ処理を行い、硬さの向上を行ったステンレス鋼刃です。硬さはロックウェルCスケール硬さHRC55〜56（ビッカース硬さHV595〜613）付近の材料と熱処理が採用されています。

医療用ハサミ「クーパー」

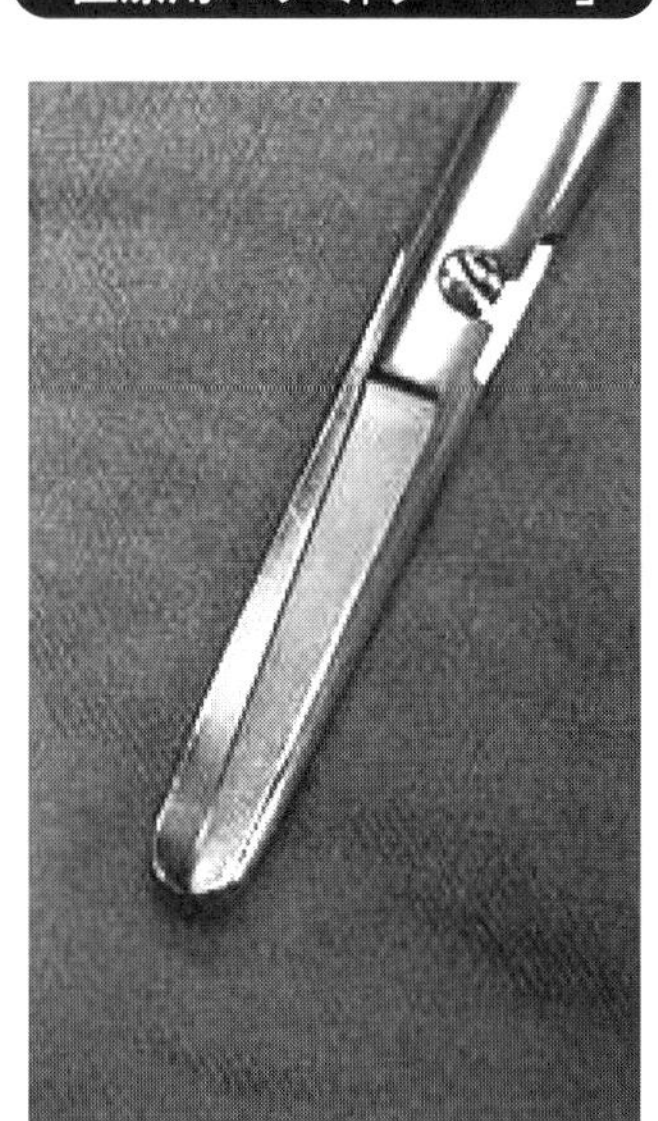

セニングシザー

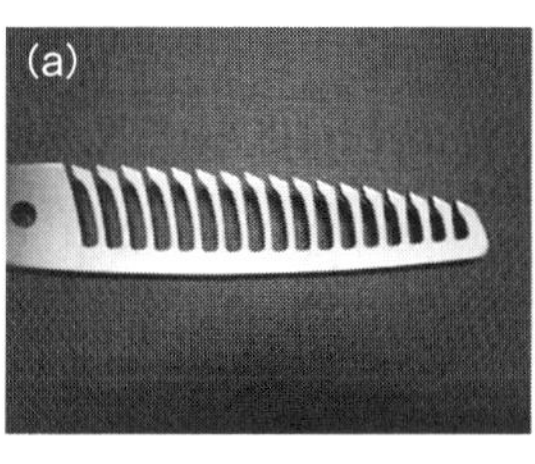

(a)

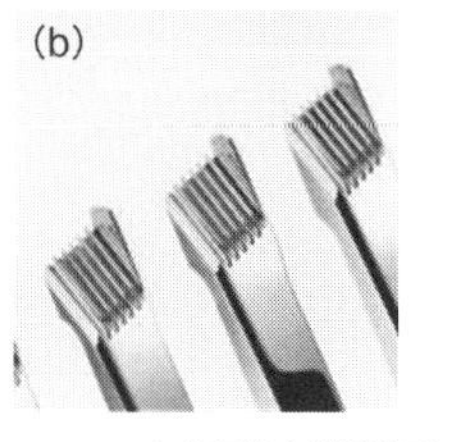

(b)

水谷理美容鋏製作所：提供

27 安全カミソリは怖いほど切れるけれど寿命は短い

これまで安全カミソリの素材は帯鋼（高炭素鋼）が使用されてきました。帯鋼の組成は、みがき特殊帯鋼（JIS G 3311）のSK120Mの炭素工具鋼に相当しています。最近ではステンレス鋼が主流になっています。

T字型安全カミソリの素材については住友金属工業の大谷泰夫氏が詳細に化学分析しています。帯鋼の炭素量は1・2％と高く、さらに表面がなめらかであり、有害なひずみ、錆、傷、耳割れ、酸化皮膜などがあってはならないと外観規定されていることは前述しました。

ステンレス鋼刃にはSUS420J2相当鋼が使われていますが、カミソリ刃は炭素量が多く添加されている0・7C-13Crが主流となっています。これらから切れ味と硬さを優先してC量を高めた特注品が使われています。カミソリの金属組織は、水冷と焼もどし処理が施された焼もどしマルテンサイト組織です。残留オーステナイトを減らすためにサブゼロ処理も施されています。

このようにカミソリの素材は過共析炭素鋼（1・1〜1・3％）とSUS420J2相当鋼が使われています。通常、炭化物の球状化は、1000℃、30分から油冷した後、A1点（720℃）付近の750〜700℃を3回くり返して加熱冷却しています。750℃加熱で微粒セメンタイトが基地（母材）に固溶して700℃まで冷却することによってセメンタイトを均一に析出させています。

国産の両刃カミソリの先端部（断面）の光顕組織を写真に示します。カミソリの厚みは約0・1㎜（100㎛）でした。金属組織は焼もどしマルテンサイトと球状炭化物（セメンタイト）でした。炭化物（白く粒状に見える）は微細分散して観察されます。

刃先の刃角度（第1切削）は、１００～２００倍においては14～15度でしたが、１０００倍では刃先角度（第2切削）が15度、小刃角（第３切削）20度を確認することができました。したがって刃角度（10度）↓刃先角度15度↓小刃角（メーカーでいう刃角度）20度

国産両刃カミソリの先端部

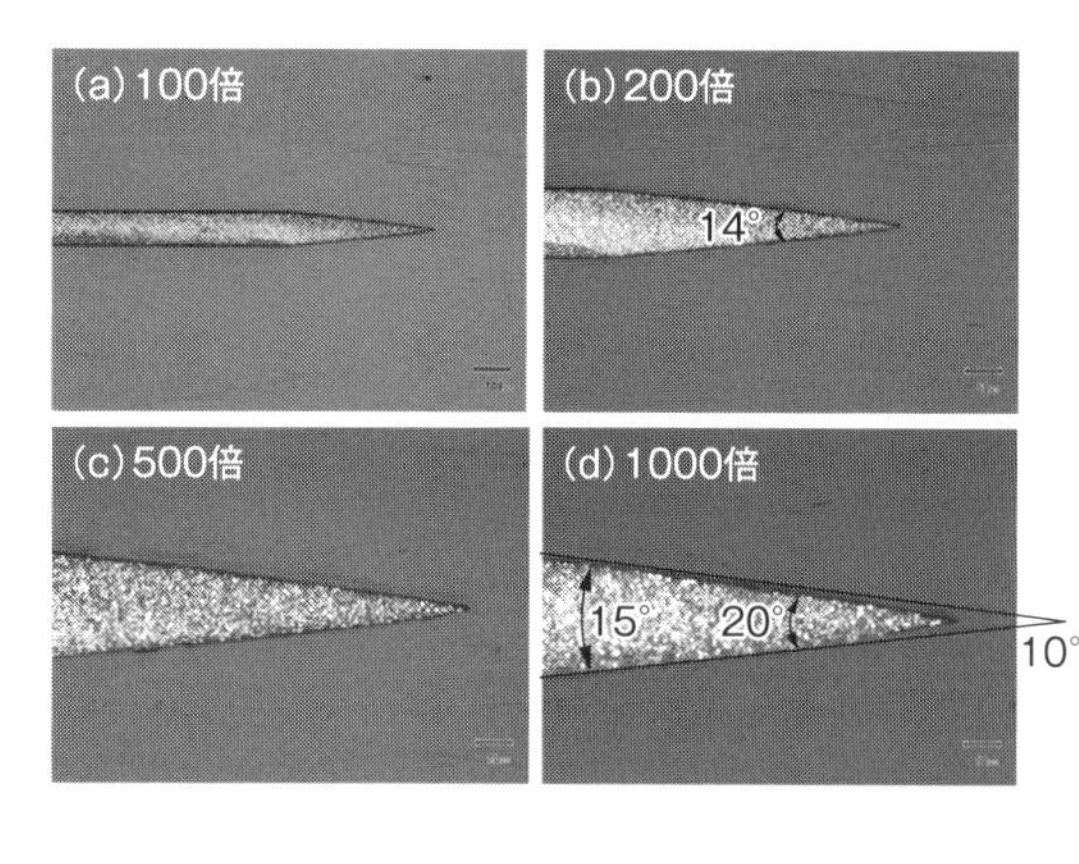

で、先端になるほど鈍角になっていることがわかりました。厚さ１００μmである薄刃の両刃カミソリは、これまで観察してきたどのような刃物よりも刃角度が小さいことが明らかになりました。前出の医療用メスの刃先角が27度、小刃角が35度であったことから、安全カミソリの刃角がいかに鋭いかがわかります。加えて、刃先は「バリ（へたれ）」などの返しがありません。

これらの結果から、優れた切れ味をもつ理由は、刃角度の鋭利さと刃物硬さが高いことに起因していると考えられます。刃基材のマイクロビッカース硬さは、多少のバラツキが認められますがＭＨＶ９１５～１１３０付近でした。ＭＨＶ９１５は小刃部の硬さで、先端になるほど刃の硬さは低い傾向を示します。ＭＨＶ９００はマルテンサイトの硬さに相当し、ＭＨＶ１１３０は炭化物の硬さであると考えられます。

このように安全カミソリの刃角はすべてにおいて非常に小さいことから「鋭い刃」と言えます。加えて硬さも高いことから怖いほどよく切れますが、反面、刃厚が薄いということは刃の断面積が小さいために刃物寿命は短いことが予測できます。

28 プロが使うカミソリはどこが違うのか

替刃式カミソリ「プロガード15」は、プロフェッショナル替刃、つまりプロ用品なので、利用経験のある人への販売対象品でした。したがって理容師や美容師としての国家資格があっても美容院や理髪店などの店舗経営をしていないと買えないカミソリでしたが、最近ではネットで購入することもできるようです。主としてシェービング用、ヘアカット用として使用されています。

材質はSUS420J2相当鋼が使われています。次頁の写真に示したプロガード15の断面構造で白く見える板状のものは安全ガードです。左側の刃先から安全ガードまでの距離は約1・1㎜です。この安全ガードがあることによって、仮に誤って肌を傷つけたとしても1㎜以上の食い込みがないように設計されています。安全ガードおよび刃先の横断面を走査電子顕微鏡によって観察したところ、安全ガードは刃先に対して凹凸状に形成されていました。つまり、ガードは刃先を被うように幅0・2㎜×長さ1㎜の突起が2・5㎜間隔で設置されていました。この突起とカバーがあるために皮膚への深切れを防いでおり、さらには刃先がスライドした際にも深切れの防止になっています。実に巧妙な仕掛けといえます。

金属組織はマルテンサイトと球状炭化物（セメンタイト）から成ります。マイクロビッカース硬さは両刃のカミソリに比べてかなり軟化しており、刃の先端はMHV484、先端刃から250㎛域ではMHV565付近であり、刃元部に近い領域ではMHV518の硬さでした。

刃先を側面方向から見た電子顕微鏡組織写真を最下段に示します。1000倍の観察倍率はでは刃先は鋸歯状には見えません。5000倍の観察倍率でも、わずかな突起を観察することができました。しかし突起の高さも1μm以下であり、きわめて美しい刃先と言えます。

プロガード15

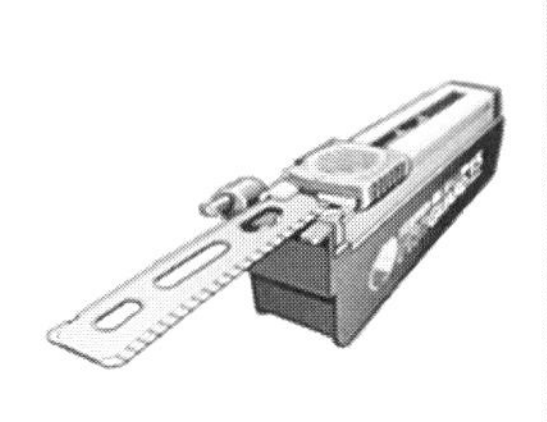

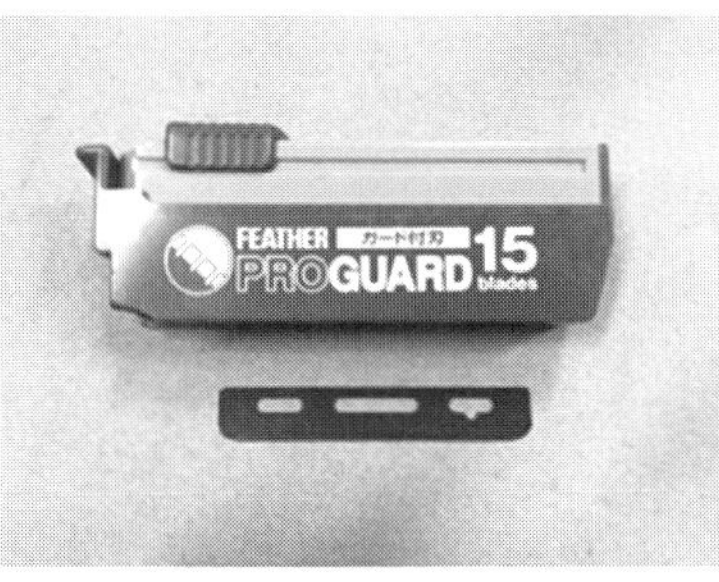

プロガード15替え刃の安全ガード

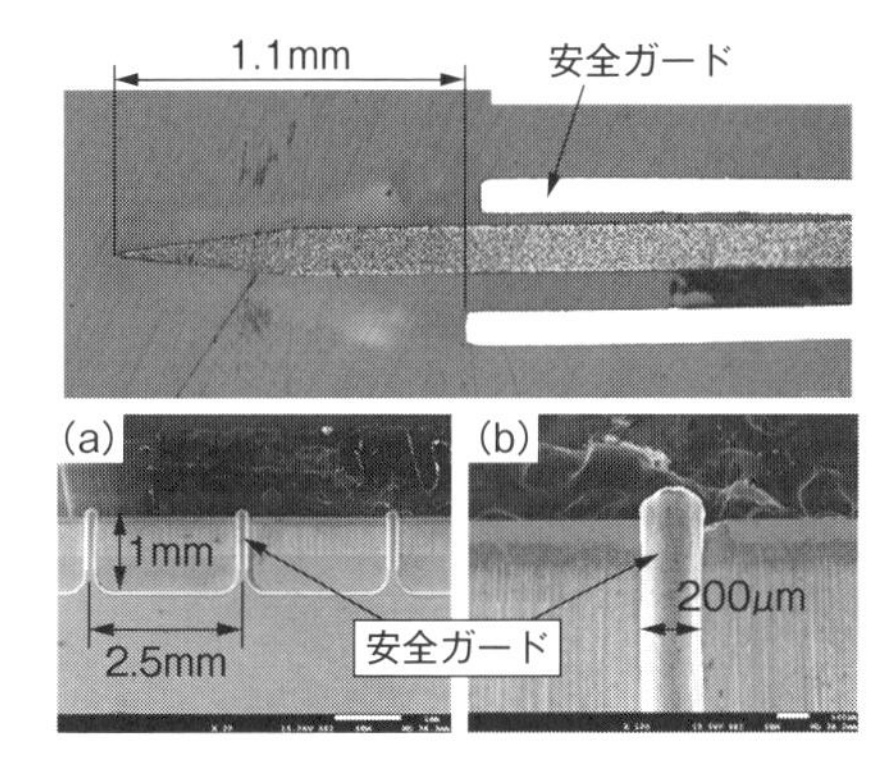

替え刃における破断面組織と刃部側面の電子顕微鏡像

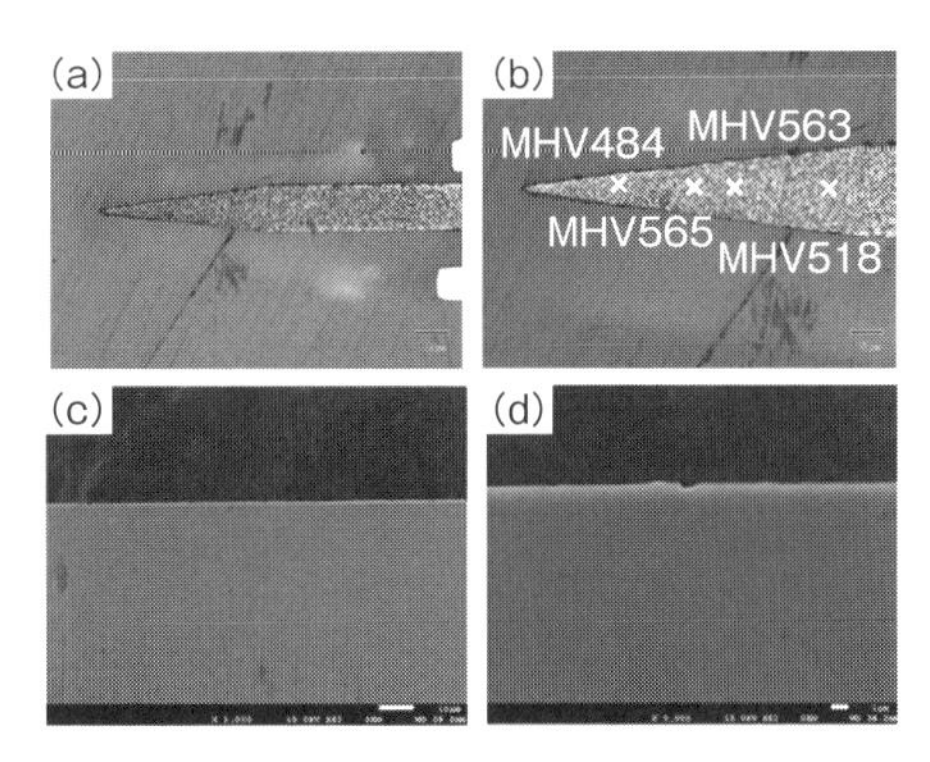

29 世界一薄いカミソリにはどんな用途が考えられるか

これまで最も薄いカミソリでも刃厚は0・1㎜（100㎛）でした。「76カミソリ」はネーミングが示すように厚さが0・076㎜（76㎛）のカミソリで、世界一薄いカミソリです。外観的には通常の薄刃カミソリと比べると少し大きめです。

著者が入手したのは電子顕微鏡試料作製製品を販売している日新EM㈱からです。社長の丸田節雄氏から、「新しいカミソリを入手した。用途を考えてくれ」というものでした。

76カミソリは非常に薄いため切削時の力による試料の変形ダメージが押さえられるので、集束イオンビームによる試料やイオンミリング試料の前処理、つまり電子顕微鏡用試料作製のトリミング（不要部分を切り落とし目的の場所を露出する）として使用できます。試料によってはミクロトームという装置を使わないでも薄くできます。

76カミソリの材質はステンレス鋼、刃先は両面切削です。刃角度は100倍では10度、200倍では15度、500倍では18度で、1000倍では小刃角（第3切削）が20度でした。メーカーが調べた刃角は22度ですから、「小刃角」に相当します。刃先のマイクロビッカースの平均硬さは約MHV900の優れた硬さをもっており、刃厚が薄いために硬さの変化が少なかったと考えられます。

走査電子顕微鏡によって76カミソリにおける刃先部を真横から見た写真を次頁に示します。

これまで何度も述べてきたようにカミソリ（ないしは刃物）の刃先は鋸歯（きょし）状でなければならないと信じられてきた時代もありましたが、少なくともカミソリについては、現在では鋸歯は「欠け刃」であり、「刃こ

76カミソリの刃先部を真横から見た電子顕微鏡写真

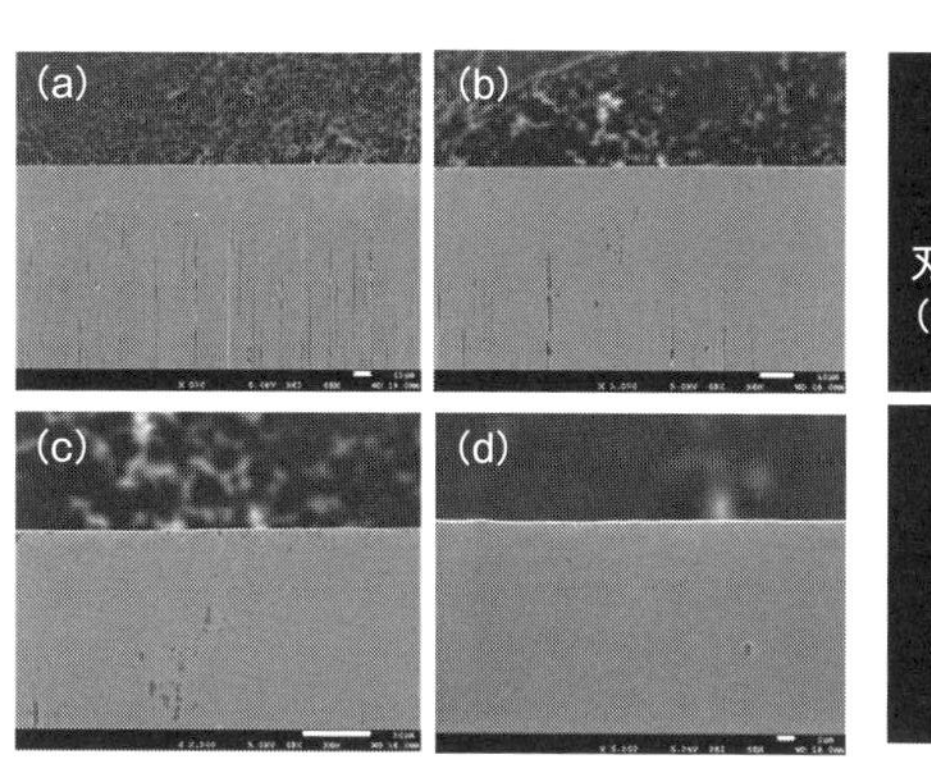

(a) 500倍 (b) 1000倍 (c) 2000倍 (d) 5000倍

76カミソリを真上から見た刃先（刃線）部の電子顕微鏡写真

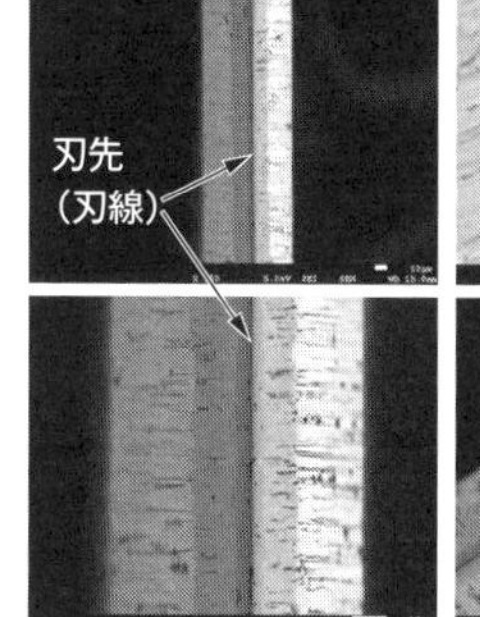

ぼれ」であるといえます。刃先が鋸歯状であれば、ヒゲを剃ったときに皮膚から血が吹き出してしまいます。このためには刃先は鋸歯状（凹凸）がないことが望ましいと考えます。この視点からカミソリの刃先や刃線を見ると直線であり、鋸歯状でない刃先が理想といえます。

76カミソリを真上から覗いた電子顕微鏡写真では刃先（刃線）は黒い直線に見えますが、刃先を除いた余分な部分は意外と凹凸のある荒れた地肌です。

驚くことは厚さ76㎛という超薄カミソリであっても3段刃から成ることがわかりました。普通は、刃厚がきわめて薄い刃だと「返し」がきちんと取れません。いくら鉄とはいっても0・076㎜の厚さはペラペラです。アルミ箔の厚さが0・03㎜ですから、2枚を重ねた程度の厚さしかないので想像がつくと思います。材料には剛性がなければ、返しも取れないし、切れ味を出すこともできません。このためには硬いステンレス鋼を使い、適切な熱処理がされていなければなりません。この視点から76カミソリは素晴らしいカミソリといえます。

Column

注射針も刃物？

人が生まれてから死ぬまで、注射を経験しない人はいないと思います。先の尖った長い針で静脈（血管）や皮下に刺すわけですから、けっしてイメージはよくありません。小さい頃から注射とおまわりさんは大嫌いという人は意外と多いのではないでしょうか。

この注射針にも材料の変遷があります。初めは軟鉄の引抜きパイプを浸炭焼入れした素材にクロムめっきを施して使われていました。その後、強度が高く耐食性や耐摩耗性にすぐれた13%クロム鋼が使われ、さらに高級な18-8ステンレス鋼（SUS304）が使われています。医療用刃物の多くは13%クロム鋼が使われていますが、注射針も皮膚を切って血管に到達するためにパイプを斜めに切って先端を鋭利にした擬似刃物からなります。

「蚊」に刺されたときは痛くも痒くもないのでわかりません。このメカニズムを利用して「痛くない注射針」が作られています。蚊の口は上唇、下唇、咽頭、大顎、小顎2本から成っています。これらの唇や顎をうまく使って血を吸います。小顎はノコギリのようになっています。一方で、「痛くない注射針」（テルモ）は直線的なパイプではなく、1枚の板を丸め、金型だけで溶接のないテーパー構造のパイプにしたのです。このことによって、不可能といわれた先端径0.2mmの注射針が作られました。さらに尖端にギザギザの山を付けたのです。山の部分だけしか皮膚に触れないので摩擦抵抗が小さく、痛みの軽減に役立てることに成功したのです。

第5章

髪の毛を切るのは大変だ

30 おしゃれを支える刃物

美容分野における刃物といえば、カミソリやハサミを思い浮かべることが多いと思います。このカミソリやハサミを使っている専門家が理容師であり、美容師です。美容と理容の仕事は似ていますが、法律的には「理容」は頭髪の刈込みや顔そりなどの方法によって容姿を整えること、「美容」とはパーマネントウエーブ、結髪、化粧などの方法により容姿を美しくすることと定義されています。つまり理美容師は、どちらも髪型を整える職業の総称ですが、１９５７年に美容師法が成立してからそれぞれが分業制になりました。どちらも国家資格ですので、国家試験に合格しなければなりません。理容室では顔そりをやってもらうことができますが、美容師は顔そりをすることができず、両者は免許ではっきりと分けられています。しかし、この定義も時代とともに変わってきており、境がなくなりつつあります。

理美容師になるためには、規定された養成施設（厚生労働大臣または都道府県知事指定の専門学校など）を卒業して国家試験に合格し免許を取得しなければなりません。理美容師はハサミやカミソリなどの刃物を使う職業なので、不注意で事故が起こらないようにとの配慮から、理美容師免許を持たない人が客に触れることはできないような制度でもあるのです。

肌に直接触れる刃物（顔そりレザー）を使用する理容、美容を通して感染症が蔓延する危険性もあります。たとえばエイズ（後天性免疫不全症候群）はヒト免疫不全ウイルス（ＨＩＶ）による感染症ですが、わが国では当初、血液製剤を感染源として伝播しましたが、もともと性感染症としての側面をもっています。ＨＩＶはウイルスの一種で主に血液中の免疫細胞に感染するため、感染してウイルス量が増えると、感染した免疫細胞を破壊（ウイルスは感染した細胞の中で増殖）します。このため仮に感染者の血液がカミソリについていたような場合、感染の危険性がありますから、カミソリの共有はしないことが原則です。

おしゃれを加速する要因は社会風習や自然環境にも影響されてきました。ヘアスタイルは仕事や社会活動によって特別な機能性が求められます。また歴史的にみてもヘアスタイルは社会的身分や職業を表していました。典型的な職業が相撲取りでしょう。私たちが自分のヘアスタイルを決めるのは、意外にも私たちが暮らしている社会の習慣や周囲の流行りなのかも知れません。もちろん、学校や職場で決められているルールによってても左右されているかもしれません。

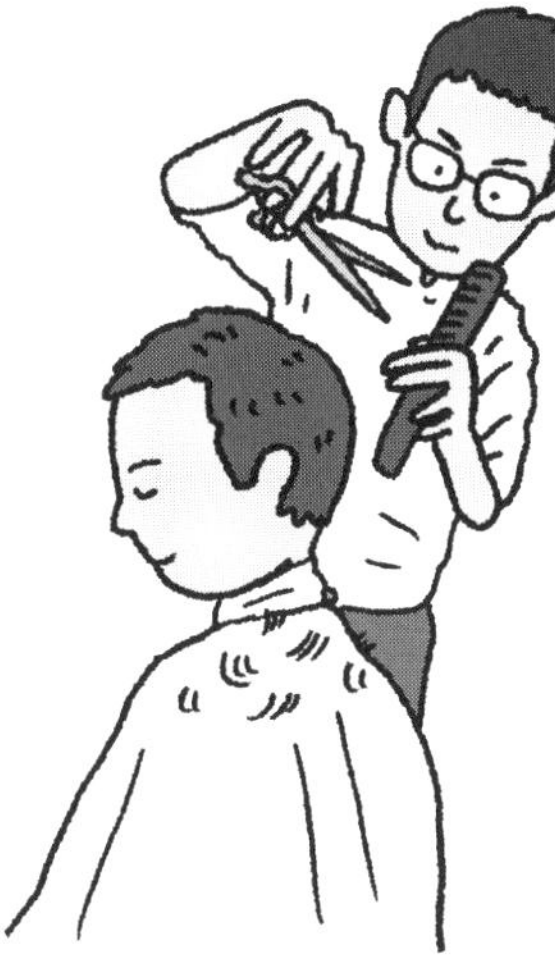

髪の毛は意外と速いスピードで伸びてくるもので、日本人の標準は個人差がありますが1日に約0・3㎜伸びるので、平均では3日で1㎜、1カ月で約10㎜も伸びることになります。こんなにも早く髪が伸びてはうっとうしくなります。ヘアカットが仕事として誕生したのは、なんと紀元前3000～4000年頃のエジプトだといわれています。今からおよそ5000年前のことです。日本では1100年頃の鎌倉時代にすでに「髪結いの文化」が確認されています。

このように理美容の底辺を支えているものがハサミであり、カミソリなどの刃物だったのです。もちろん、カミソリは男性だけが使うものではありません。女性でも「むだ毛」を剃るために使います。むだ毛を剃るための専用シェーバーが発売されています。30～40年前までは鏡の前で片刃カミソリ（日本カミソリ）をうまく使いこなしていたものです。カミソリの刃先が少しでも傾くと肌を傷つけるので、できるだけ肌に平行になるようにして剃る必要がありました。

31 日本のハサミは廃刀令で大きく変わった

日本の刃物は明治維新による「廃刀令」で大きく変わりました。１８７６（明治９）年に発せられた廃刀令は、軍および警察以外の人が刀を身に付けることを禁じたのです。

日本のラシャ切りハサミを創製した元刀鍛冶の吉田弥十郎の技術は、長太郎系や兼吉系（平三郎）などの各親方に受け継がれ、今なお伝承されて高級なラシャ切りハサミが作られています。欧米人向けであったハサミは、使う人の手が大きくなければならず、大きな握力を要求され、重いなどの問題があったのです。手が小さく握力の小さな日本人向けの仕様に変えなければならなかったといいます。弥吉は、西洋のハサミが刃と柄を一体の鋼でつくる全鋼製であるのに対して、日本刀の伝統技術である付け鋼を採用しました。刃部に鋼、峰に軟鉄を使って鍛接し、ハンドル（柄）には鋳物を使用し、溶接することによって鋼と軟鉄の特徴を活かした素晴しい切れ味を生み出したハサミが誕生したのです。この技法は「着鋼」と呼ばれる技術でしたが、今では刀材のほとんどが全鋼になっています。

他方、理美容ハサミは、日本では１８７７（明治１０）年に、刀鍛冶であった友野釜五郎によって初めて作られました。刀を作れなくなった江戸の刀鍛冶がその技術を活かし、フランス製のハサミを手本として日本人向けに改良し、それが広まったといわれています。

製作のきっかけは横浜の道具屋で西洋バサミを目にしたことでした。散髪令の発令によって男子の結髪業は終わりを告げようとしていました。釜五郎が元髪結い師であった道具屋の斎藤喜兵衛と会ったのは偶然でしたが運命的でした。当時、西洋ハサミは１つ３円していたといいます。この当時、１人の１ヵ月の生活費が3円だったといいますから、けっして安い金額ではなかったはずです。西洋の理髪ハサミは、まさに髪を切る目的にかなったハサミだったのです。

特に日本人の黒い髪は直毛で硬く、ブラッシングやクシで髪の毛を整えることは非常に難しかったのです。加えてカッティングには大きな握力が必要でした。さらにハサミが重いなどの問題をクリアしなければなりませんでした。そこで刈り上げるカッティング技術が優先されたのです。この視点から最初に工夫するのはハサミを小さくすることだと思うのですが、当時は硬い髪を切ることに重点が置かれ、むしろハサミを大きくして強い力でカットしたままの「散切り頭（髪を結ばず、散らしたままにしておくカットスタイルで、明治初年に文明開化の象徴とされた）」が流行したのです。

その後、刃先（作用点）とハンドル（力点）の中間にある支点の位置を変えるなど、テコの応用が世界的になされ、できるだけ小さな力で開閉できる支点の工夫や全長の検討がされました。これらの工夫から1本の親指をもって最小の握力で、軽くスピーディに動かすことのできる特長あるハサミができたのです。

なぜ日本人は、このようなタイプのハサミに気づけなかったのかについては、『鋏』の著者である岡本誠之氏は、「髪を切る必要のなかったちょんまげ社会では、このような目的のハサミを必要としなかったので、結局は創られなかったままでのこと」と述べています。

理美容ハサミの名称

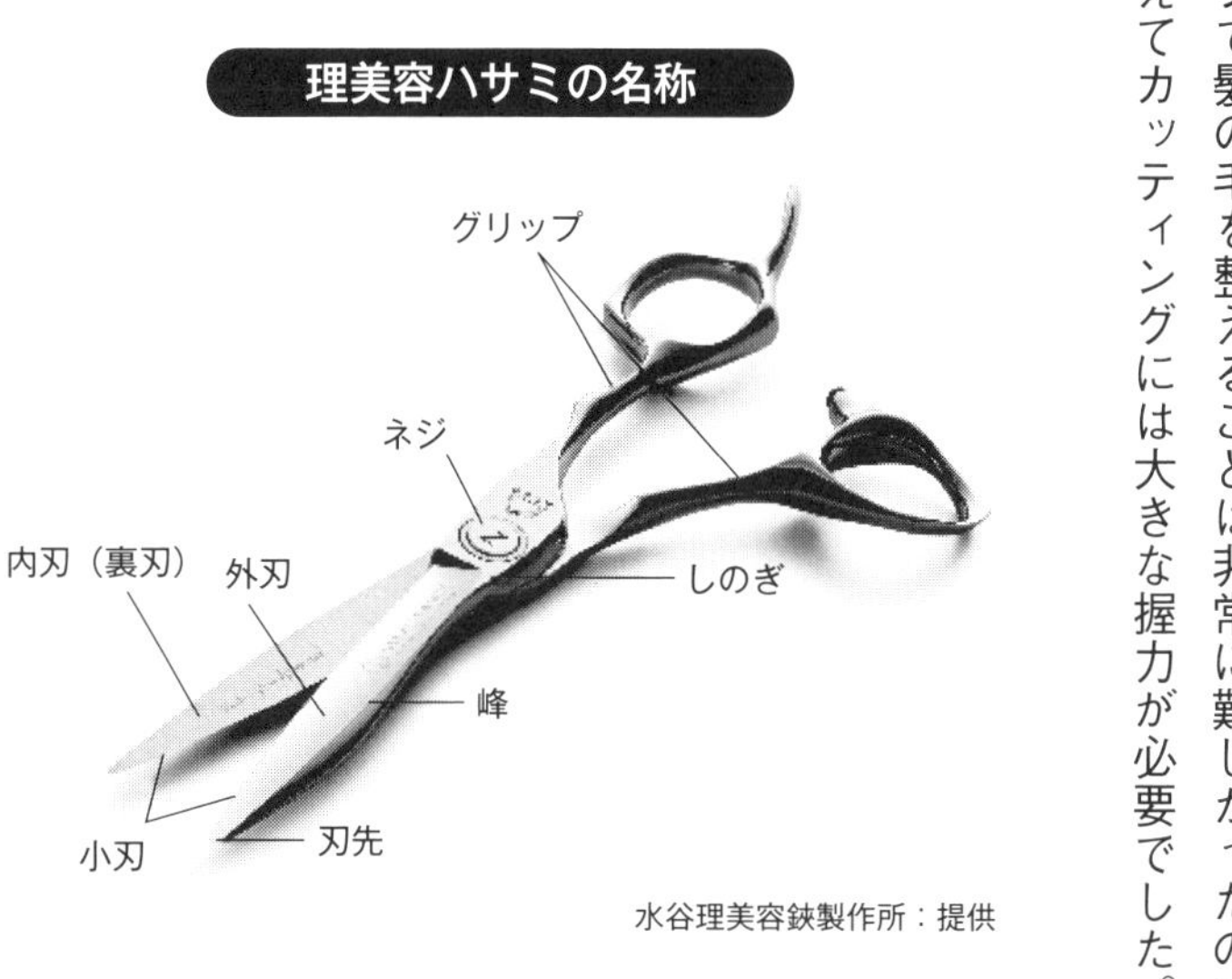

水谷理美容鋏製作所：提供

32 カミソリの刃と理美容ハサミの素材は同じか

カミソリの目的は短いむだ毛を剃ること、理美容ハサミの目的は硬く長く伸びた頭髪を切ることであり、まったく異なりますから、その素材もまったく異なります。

カミソリの刃は片刃、両刃、2枚刃、4枚刃など多くの刃が組み込まれた替え刃が主流になっています。素材は、ステンレス鋼組成である0・6~0・7%炭素が含まれた13%クロム鋼がほとんどです。また、1・3%程度の炭素を含みクロムが添加されていない高炭素鋼刃物があります。クロムが添加されていないので安価に製造することができますが、錆びやすいなどの欠点があります。どちらも耐摩耗性と高い硬さをもったマルテンサイト組織です。この組織は焼入れ、焼もどし処理をすることで得られます。

このような処理をすることで硬いマルテンサイトの基地にクロム系炭化物やセメンタイトなどの微細炭化物を分散させることができます。この微細炭化物は、柔らかい沼地に石を投げ込んで基地を硬くさせる効果と同じようなものです。このことによってビッカース硬さは約700近くが確保できます。

ちなみに男性のヒゲの硬さはどのくらいあるのでしょうか。いろいろな報告によれば、水を含んでないヒゲは、焼もどした銅線あるいは5円玉や黄銅と同じくらいの硬さといいます。ですから銅線を毎日切っていることになりますから、ミクロに見ると刃先はボロボロになってしまいます。

つまり、「鋸歯状」になってしまうのです。これではヒゲは切れなくなり、肌から血が吹き出ることもけっして大袈裟ではありません。このためにもカミソリは鋭い刃角と硬い素材が要求されているのです。さらに刃先にはダイヤモンドライクカーボン（DLC）や、樹脂がコーティングされており、肌との摩擦抵抗を減らす工夫がされています。

　一方、ハサミの素材は、実に多くの素材からできています。似ている素材としては0・4～0・5％の炭素鋼に13～15％のクロムが添加された製品です。ハサミは、刃材とハンドルと呼ばれる把手からできています。刃材は長切れするマルテンサイト系ステンレス鋼が使われており、ハンドルは鋳造品（鋳込み品）から作られた軟鋼やステンレス鋼が使われていて、溶接によって接合されています。もともとは刃部とハンドルは一体の素材から作られていましたが、需要が増えたことや鋳造技術が大きく進歩したことによって現在では、ほとんどのハサミが溶接によって接合されています。

　刃材の多くは、SUS410（0・1C-13Cr）や、SUS420J2（0・3C-13Cr）、SUS440C（1・0C-17Cr-0・75Mo-0・6Ni）が使われています。新しい刃の素材としてはHAP40（ガスアトマイズ法によって得られた粉末ハイス）なども使われています。理美容ハサミはおしゃれや芸術性を好む理美容師の嗜好もあって、後述するダマスカル模様（斑ー渦巻き模様）のハサミやコバルト合金製のハサミも使われています。また刃角はカミソリよりも剛性を大きくした30度付近に作られています。

2枚刃と4枚刃（手前）の替え刃式カミソリ

ステンレス製ハサミ

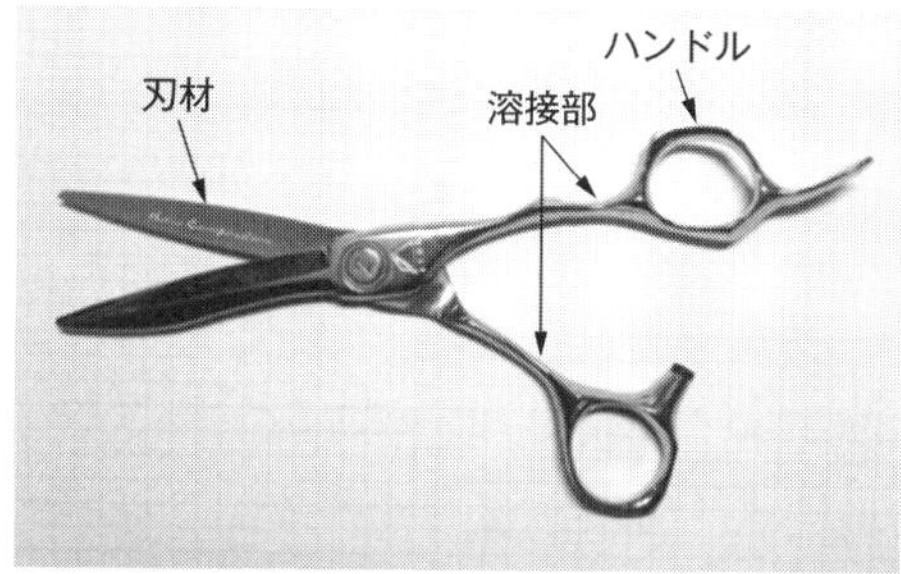

水谷理美容鋏製作所：提供

33 ハサミはせん断と切断でモノを切る

ハサミを使ってモノ（対象物）を切るときには、「せん断」という切断力が働いています。せん断という言葉を初めて聞く人もいるかと思いますが、これは切断力の一つの名称です。せん断に対して「切断」は単純にモノを切り離すことをいいます。せん断は、上下方向や左右方向など、お互いに逆向きの力によってモノを切断する方法のことです。これに対して包丁やナイフなどにより一方向からの力で切断する場合は「切断」です。せん断とは呼びません。

ハサミはこのせん断という切断方法によってモノを切っています。切断するモノに対して垂直な力が大事になります。余計な水平方向の力が加わらないようなハサミが切れ味の良いハサミということもできます。

基本的には、２つの刃がある角度ですり合わせられながら交差する点にモノが挟み込まれることにより、せん断されます。

「なぜハサミでモノが切れる」のかを質問すると、ほとんどの人が、答えに窮して「刃になっているから……」と言います。しかし、刃になっているだけでは、紙や野菜が切れるという説明にはなりません。

手元のハサミを手にとって、刃先を指で軽く押し当ててみましょう。心配はありません。刃を横に滑らせない限り指（皮膚）は切れることはありません。ハサミは確かに刃物ですが、押し当てたままで紙は切れません。不思議に刃角は、包丁やナイフとほぼ同じ角度なのです。しかし、安い包丁などはハサミのような刃角もあります。ハサミの交点に材料が挟み込まれるとせん断力が発生して、材料がその部分で破壊されることによって切断されます。押し切りカッターで紙を切るときは、ハサミと同じメカニズムで切断されています。

ん断力が発生します。ミクロ的（原子の世界）には、材料がその部分で破壊されることで切断されます。

簡単にいうと、ハサミの刃と刃が交差する点（作用点）にハサミを閉じる力がピンポイントに集中するために、その力でモノを押し切っています。

ハサミのせん断力を生み出すには、動刃と静刃の2つの刃先をいかに繊細で微妙に密着させるかという構造が大切です。しかし、どんなハサミでも、切る対象のモノよりも軟らかい刃であれば刃先は潰れてしまい切れません。そこで刃材としては、好まれて硬い材料が使われています。

ハサミは微妙な「反り」や「ひねり」の前に、せん断構造が必要です。これ以外の構造ではハサミは切れません。そして、もう一つ重要な要素がハサミの刃先と刃角です。ハサミの刃先がダレ（摩滅）や鈍角（丸くなる）になると、刃先の面積が広がるために、刃にかかる単位当たりのせん断力が小さくなってしまいます。最初はすき間がほとんどない状態で切っていたものが、隙間のために最初より多くのモーメントが必要となってしまうので切れなくなります。

34 ハサミの反り、裏すき、小刃角で切れ味が変わる

ハサミは精密な機械といわれています。ハサミは私たちが小さい頃から慣れ親しんでいるとても身近な道具ですが、その構造はとても精巧なもので、良いハサミであればあるほど繊細な作り方がされています。まずは、そのハサミの構造から説明してみましょう。

ハサミの刃には「反り」と呼ばれているすき間が作られています。このすき間によって2枚の刃はたった一点で交わり、対象物を切断します。この交点は、ハサミを閉じるにつれて刃元から刃先へ移動していきます。

ハサミを開いて真横から覗いてみましょう。この交わっている点が作用点（あるいは交点）と呼ばれるものです。このただ1点だけでものをはさむことによってハサミは大きな力を出すことができるので、モノを切断できるのです。どんなに安いハサミであっても、すき間があります。これが反りの効果です。

では、ものを切断する力はどこからきているのでしょうか。どのような力が働いているのでしょうか。

ハサミが力を出せるのは「テコの原理」が関係しています。ハンドルに力を加えると、支点までの距離に応じた力を出すことができます。仮に、2枚の刃が交点以外で触れ合うと、刃が噛み合って摩擦により力がロスされてしまいます。この作用点はモノを切断していくにつれて支点から遠ざかりますから、支点から離れた刃先ほど作用点の力が強くなります。

このように髪が切断される場所は、動刃と静刃の交点で起こります。

さらに髪を効率よく切断するには、交点の「ねじ圧」が大事な役割を担っています。刃先の髪への食い込みを強くするには、ねじを締め付けていくことによ

って可能になります。このためには2つの刃をわずかに湾曲させて、互いに「弓なり」に向かい合うようにします。このことで刃の交点にはさらに大きな圧力が髪へかかるので、刃の食い込みが強くなります。

髪の毛は大変硬く、それでいて弾性がありますから反発する素材です。したがって確実に切るためには、毛先に加わる力を1点に集中させる必要があるのです。刃の中央にくぼみ、つまり「裏すき」をつけることによって2枚の刃同士を点接触させることができますから、作用点に大きな力を発生することができます。裏

内刃の裏すき

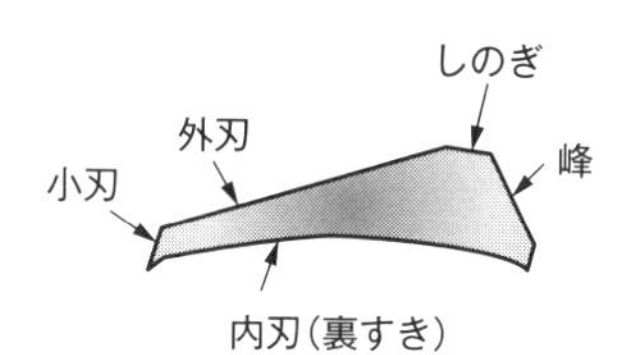

ハサミの反りと作用点

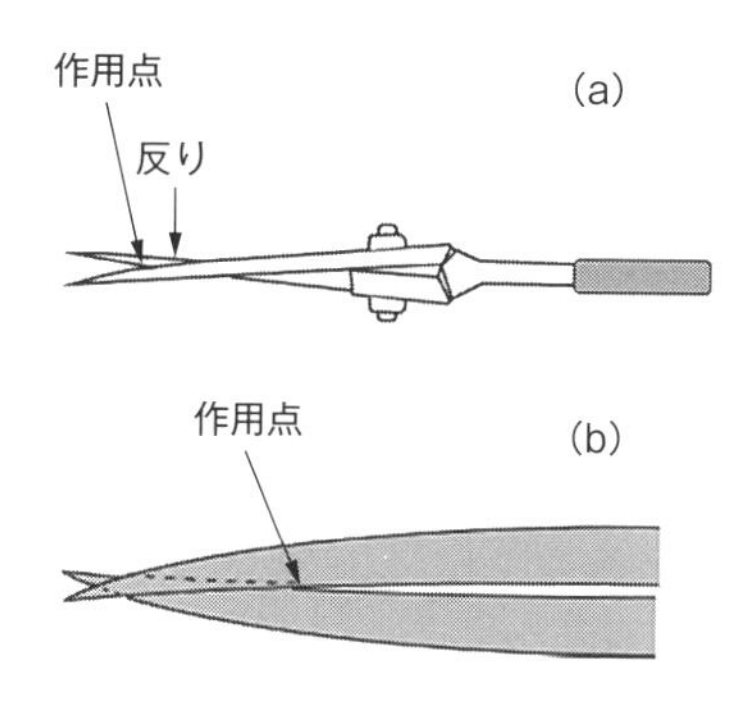

すきがない平らなハサミだと、接触面積が大きくなってハサミの開閉が重くなります。裏すきを刃線に沿って精巧に入れることにより峰部に「ひねり」ができて、さらに接触面積を減らすことができますから、より軽い開閉を実感することができます。

さらに前述した「反り」をつけて作用点が1点で接触するような工夫がされています。この「裏刃」は刃元から刃先まで一定の面で形成されていなければなりません。また裏すきは、刃元から刃先まで同じ幅で形成されなければなりません。裏刃の幅が変化したのでは、作用点の圧力が変化して切れ味が変わってしまいます。

「しのぎ」は刀と峰の間の最も高い部分をいいます。ハサミの剛性を高める効果があります。

小刃角については、カミソリのような鋭利な刃角だと硬い髪の毛を切っているとすぐに切れなくなります。そこで0・5㎜以下の小刃角をあえて作り、刃物寿命を保っているのです。

35 ハサミの良否はカットした毛髪断面からわかる

切れるハサミと切れないハサミではどのような違いがあるのでしょうか。そこで切れるハサミの条件について毛髪を例に考えてみます。

抽象的で一般的な表現ですが、①よく切れる、②刃物寿命に優れている（長期間切れる）、③わずかな力（軽い力）で開閉できる＝疲労感がない、④毛髪の切断面がきれいで枝毛や切れ毛の原因となる「引きちぎり断面」がない、⑤髪の成分が流出しない、などを調査しました。

切れない輸入品の理美容ハサミ（すべての輸入品ハサミが悪いというものではありません）で髪をカットしたケースを紹介します。電子顕微鏡によって500倍で観察した切断面は、荒れているばかりでなく、エッジ（毛髪の端）にも切り残しのような切断痕がついています。また800倍で撮影した断面は、左右方向に扁平につぶれたようにカットされています。このように切れないハサミで髪をカットしていると、髪のダメージとなるだけではなく、理美容師がカットするときに余計な力を必要とするために手に大きな負担をかけることになります。

1回1回のカットで増える手の負担は感じ取れるほどのものではありませんが、硬い髪を長い間カットし続けていると大きな負担になります。このように見た目だけではわからない刃先も、毛髪の断面を通して細かいところまで拡大してみると大きな差があります。髪のためにも、手や指の過労によって起こる「腱鞘炎」の防止のためにも、より良いハサミを選ぶことは大切です。

では、よく切れるハサミで髪を切るとどのような切断面になるのでしょうか。そこで日本製のハサミ（水

切れないハサミでカットした毛髪の切断面

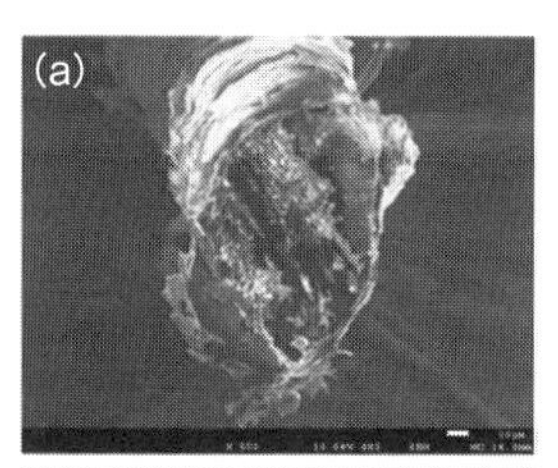

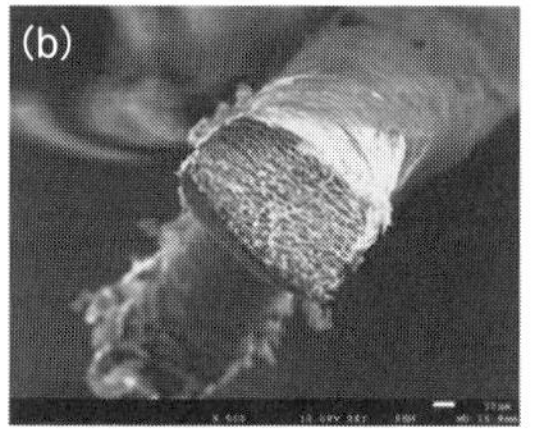

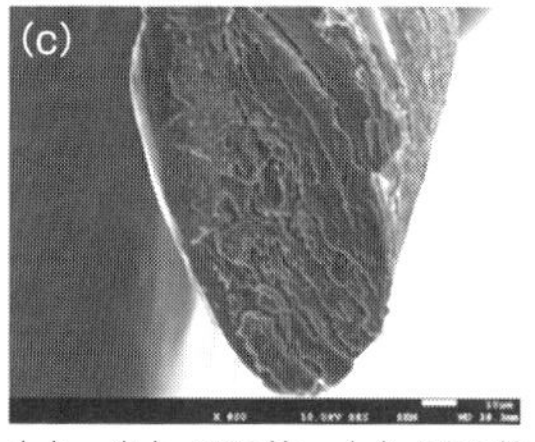

(a)、(b) 500倍、(c) 800倍

切れるハサミでカットした毛髪の切断面

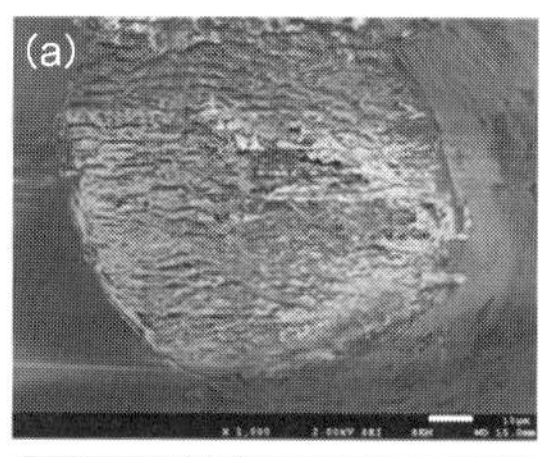

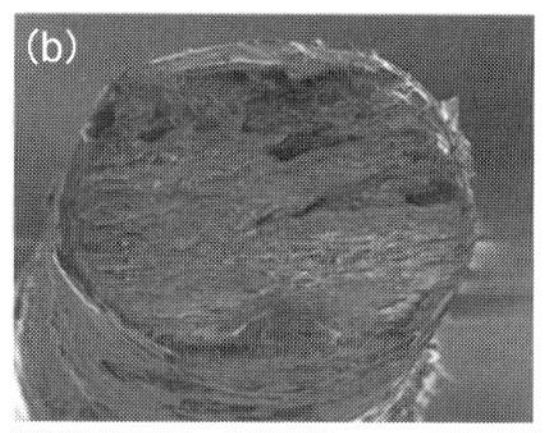

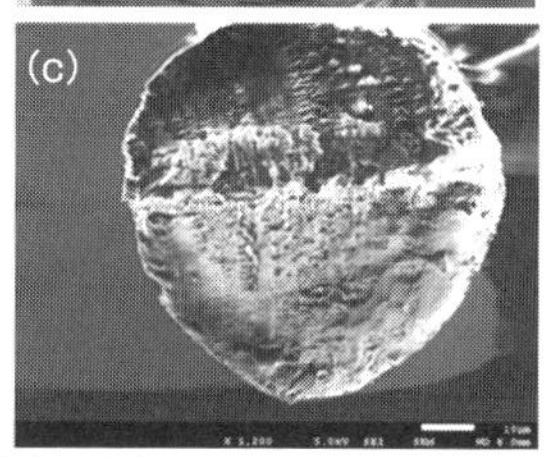

(a)、(b) 1000倍、(c) 1200倍

谷製アクロZ）を用いて切断した毛髪を電子顕微鏡で観察してみました。カットした髪の断面（1000〜1200倍）は、ほぼ円形に近い形をしていました。円形の断面は、毛髪に均等に力が作用してカットされたことを示しています。

これらの結果はハサミの刃の先端形状が影響しています。刃角度がより鋭く、刃線（刃先から刃元まで）に凹凸がなく作られているために、毛髪が押しつぶされることなくカットされていると推測できます。また切断面もきれいな断面をしているので、枝毛ができることもないと考えられます。髪をつぶしてカットしていたのでは髪に大きな負担をかけることになります。切れるハサミでカットされた毛髪の断面は円形になっています。

これらのことから、刃角度がより鋭く作られているハサミは髪を押しつぶすことなくカットされていることがわかります。

36 種子島鉄砲と同じ手法で作られた種子島鋏

鉄砲の伝来は、１５４３（天文12）年に、明国の船が種子島南端の門倉岬付近で漂流したことから始まります。そして織田信長が鉄砲の稽古をしたのが１５４８年です。ほとんどの人はポルトガル船の漂流が元になって鉄砲が普及したと考えていると思いますが、薩摩や豊後にも鉄砲が伝わった痕跡があることから、種子島だけを鉄砲の起点とするには無理があります。とはいえ鉄砲の伝来によって国内における戦闘方法や城郭構造が大きく変わったことはよく知られたことです。

種子島ではそれ以前から鉄の製錬や鍛冶製品の和ハサミが数千年にわたって盛んに行われてきました。ポルトガル船がもたらしたものは、鉄砲以外にもハサミの製造にも大きな影響を及ぼしました。そこには和ハサミから西洋ハサミの変遷が見られます。

江戸時代になると刀剣の需要が減少し、鉄砲の製造も禁じられました。金物の取引は江戸や大坂だけでなく多くの産地が加わりました。１７１２年に編纂された寺島良安編の絵入百科事典『和漢三才図解』には、鋤、鍬、鍋、針、銅釜、鉄砲、包丁、鉄釜、鉄砲、時計細工、外科用具、毛抜、小刀、剃刀、包丁、鉄砲、鍋釜などの諸国名産の金物が掲載されています。実は、この事典にはハサミの記録がありません。記録がなかった理由は、当時としては一般の需要が少なく、専業化しなくても刀鍛冶の余業程度の生産で間に合っていたと推測できます。

種子島鋏は、明国船に乗っていた中国の鍛冶師から教わったといわれています。明治中期頃までは唐鋏とも呼ばれていたので異国の趣を感じさせる風貌です。佐野裕二氏によると、明治維新になると種子島の鉄砲鍛冶たちはハサミ造りに転向しました。そして「１８

９０年の第３回国内勧業博覧会において平瀬友助が出品したハサミが優秀品として顕彰されました。これを機に唐鋏から種子島鋏に改名されたようである」と報告されています。この頃、堺の刃物商では「種」の刻印が打たれたハサミが売りに出されました。びっくりした種子島では「正種」と名称変更をしましたが、この商標もすでに登録されていたので「本種」と変えました。これで一件落着だと思われましたが戦後、鹿児島市の村井金物店が「本種」を意匠登録してしまい、大きな紛争になりました。県が仲介に入って、種子島産のハサミを本種として、本種を○で囲むことになったという経緯があります。

今でも種子島鋏の流れを継いでいるハサミが売られています。池浪刃物製作所から購入した「本種子鋏」を切断して金属組織観察とビッカース硬さを試験しました。刃は現代では珍しい着鋼から成ります。刃先側のビッカース硬さは平均でＨＶ９９０、内部の硬さは平均８５７でした。刃元側のビッカース硬さの平均は８０４で、刃物としては十分な硬さであることがわかります。鋒側（背側）の硬さはＨＶ１１２と、極めて低いことから軟鉄です。鋼（マルテンサイト）と軟鉄（フェライト）の界面はきれいに溶着されていて、炭素の拡散もきれいに観察できました。界面付近の一部にはパーライト組織も観察できます。

本種子挟

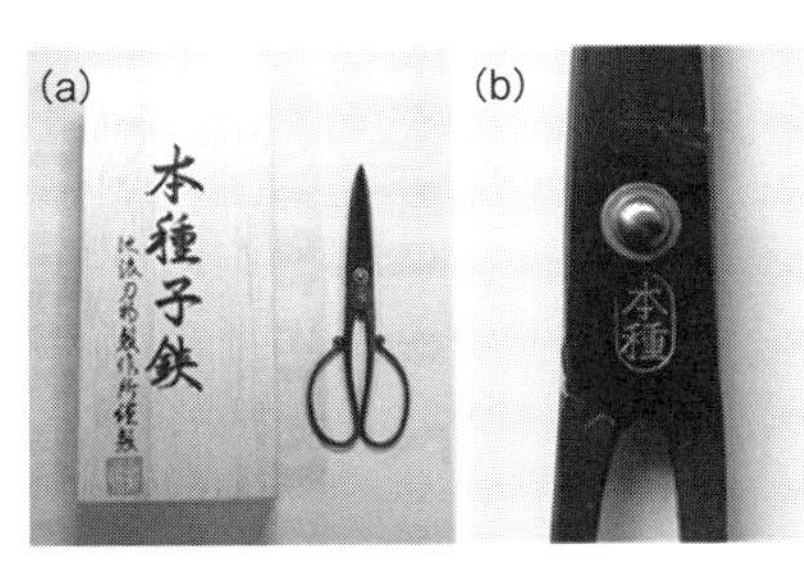

（a）桐箱と本種子鋏の外観　（b）本種は地元産の証拠

本種子挟の刃先部と光顕微鏡組織

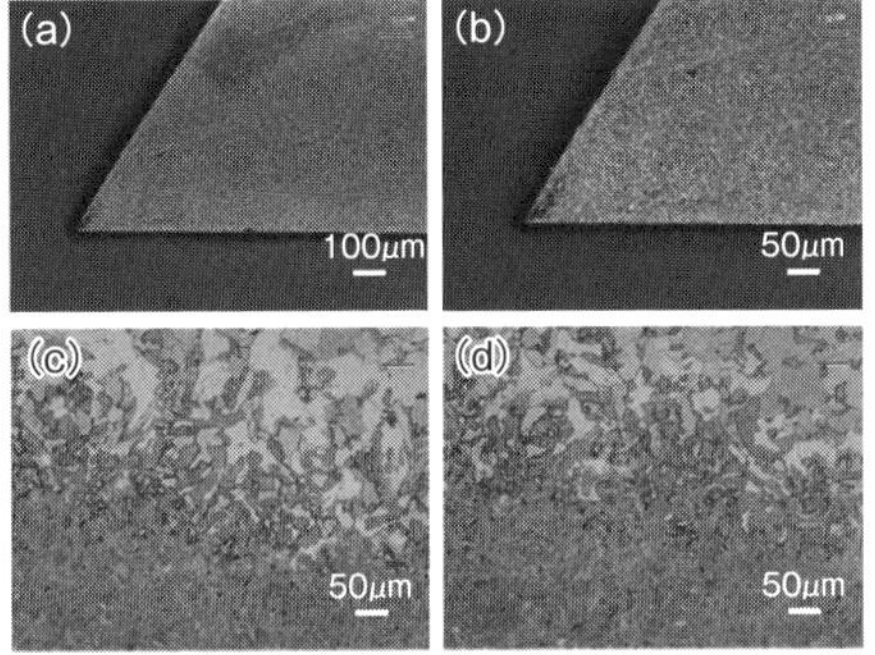

（a）刃先100倍、（b）刃先200倍
（c）、（d）刃金/軟鉄接合200倍

37 幼児でも容易に切れるハサミとは

ハサミのせん断力を生み出すには、動刃（上刃）と静刃（下刃）の2つの刃先を微妙に密着させる構造が大切なことを学んできました。この視点から、刃先が丸く軟らかいプラスチック製のハサミであっても、ピンポイントの作用点（モノを挟む部分）があれば紙の1～2枚は容易に切れることが理解できると思います。けれども、切るモノよりも刃の方が軟らかいと、その刃は変形してしまいます。

幼児がハサミを使えるようになるには、ある程度の握力とハサミを開閉するための力が必要になります。子どもによっても異なりますが、早い子だと2歳頃からハサミが使えるようになります。幼児は大きい子どもや親のマネをしたいものです。ハサミでモノを切っている様子を見ると自分でも切りたくなります。3～4歳になる頃には、曲線を切ったり動物の形を切り抜いたりという工作が楽しめるようになります。

しかしハサミは刃物ですから、しっかりと練習をしないと怪我につながります。子どもの発達に合わせた練習方法と手に合ったハサミを使うのが上達の早道です。

そこで、プラスチック製のハサミを使ってハサミの開閉練習をして1回切りに慣れていきます。金属製の刃ではないので指を切ることはありません。刃がないので安全なのですが、切れないと子どもが無理やり力を入れて、かえって危険という意見もあります。

次に、ちゃんと切れるハサミとしてステンレス鋼製の刃物もあります。刃先をプラスチックで2㎜ほどガードしているので手を切る心配も少ないといいます。また、刃先断面は鋭利ではなく、押し切りカッターのようにフラットだから安心です。ハンドルの部分にスプリングがついていてハサミを開く力を補助してくれるので、手の力が足りない子どもでも簡単にハサミを開くことができます。

「対数らせん」は自然界のさまざまなところで観察される曲線ですが、曲線が大きくなっても、小さくなっても形は同じです。この考えをハサミに応用しますと、刃と刃の組み合わさった交点（作用点）で刃角度が常に一定になります。

一般のハサミの刃線は、ほぼ直線か非常に緩やかなカーブになっています。このため刃元付近では刃と刃が接触する部分の角度が大きく、先端に向かうにつれて角度が小さくなります。実際にハサミを大きく開いてからゆっくりと閉じてみると、2枚刃の角度が徐々に小さくなります。角度が大きいと、閉じるときに生じる力のほとんどはモノを前方に押す方向によって滑ってしまいます。先端部（刃先）の刃角度が小さくなると、力は上下方向に働きます。髪の毛のように細いモノであっても前方へ押し出して滑ってしまいます。特に、厚みがあると力が分散して大きな力を必要とします。

「安全はさみ・きっちょん」〔クツワ㈱〕

刃先ガード

プラスチックスプリング

常に刃角度が一定のハサミ（SC-175SF NON-STICK PULS）

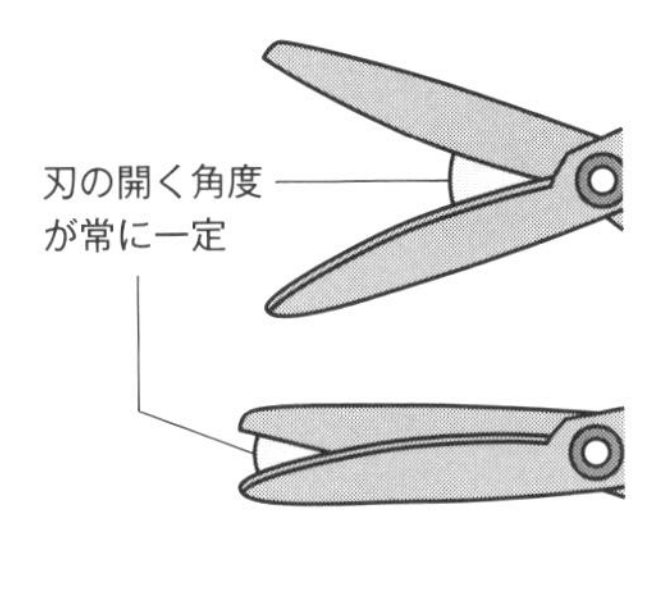

そこで刃と刃の接触する角度（作用点）が常に25～30度になるようにハサミを製作しているメーカーがあります。その一例が上の図のハサミです。ほぼ同じ刃角度でモノが切れるので「従来の3倍の軽さでサクサク切れる（メーカー自社比）」というものです。交差刃が一定角度のハサミはローマ時代に生まれてから約2000年の歴史があります。新しいアイデアではありませんが、大きな力を必要としないで切れるハサミです。

38 ステンレス鋼を乗り越えたコバルト基合金ハサミ

コバルトは鉄族に分類される金属元素の一つです。鉄よりも酸化されにくく、酸や塩基にも強い金属です。人や動物にとっては必須元素なのです。コバルトが欠乏すると貧血症になります。

単体金属のコバルトの用途はほとんどなく、主に合金として利用されています。コバルト合金は、超高速度工具鋼や刃物用材料に添加されています。ニッケル＋クロム＋コバルト＋チタンなどが添加されたコバルト合金は高温でも摩耗しにくく、腐食にも強いためジェットエンジンなどにも多用されています。この合金を用いてハサミが作られました。

ステライトと呼ばれる代表的な「コバルト基合金」は、コバルトが50％以上添加されている「炭素＋20～30％のクロム＋4～15％タングステン」組成です。これに対して「コバルト添加鉄基合金」は、鉄がベースで代表的な組成がニッケル38％＋コバルト20％＋クロム18％＋チタン2・6％です。両者の違いは明らかです。

水谷理美容鋏製作所で作られているハサミは「ステライト」とネーミングされています。この合金はアメリカのウェアテック社の登録商標を使っているので、このままハサミにも冠が使われています。

断面組織とビッカース硬さを調べるために、静刃の先端部と刃元近傍からサンプルを切り出しました。刃角度（第1切削）は30度です。切れ味に影響を及ぼすのは、小刃の粗さと刃角度です。通常の理美容ハサミの刃角度が40度であるのに比較して鋭角でした。さらに多くの第2相析出物が観察されています。

静刃の先端・刃元ともに小刃角は約40度でした。マイクロビッカース硬さは、先端から50㎛域ではおよそ

ＭＨＶ３６０、１００μm域ではＭＨＶ４００、２０μm〜１mmの範囲ではＭＨＶ３５０〜３８０でした。メーカーの化学成分表に記載されていた硬さに比べてわずかな軟化がみられました。刃元部のマイクロビッカース硬さも概ねＭＨＶ４００付近でした。機械加工が非常に難しいため、鋳造で完成品に近い形に作り上げ研磨・仕上げをするのが一般的ですが、ハサミの場合はワイヤ放電加工による切り出しと研磨によって任意の形状に近づけています。

ステライト製ハサミ静刃

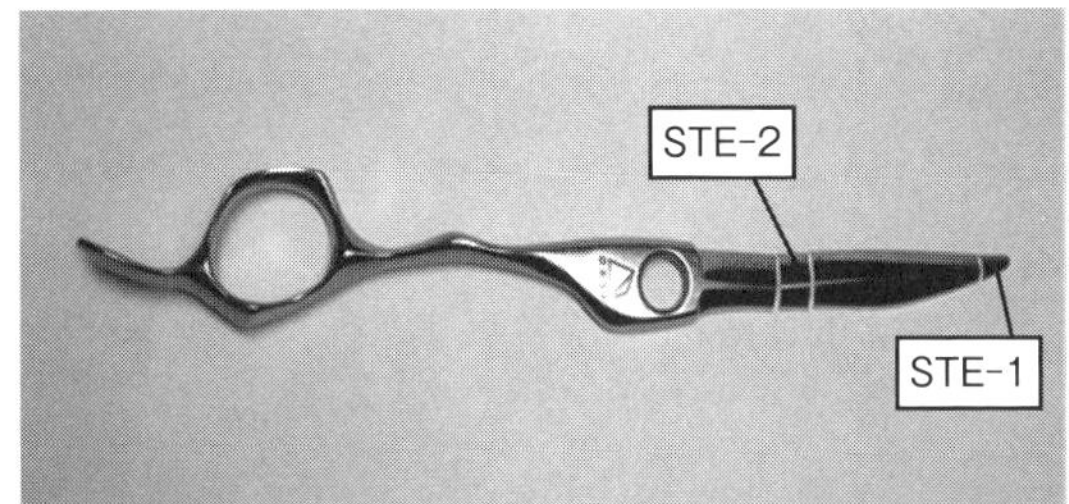

水谷理美容鋏製作所：提供

ステライト製ハサミ先端（a）、（b）と刃元（c）、（d）の光顕組織

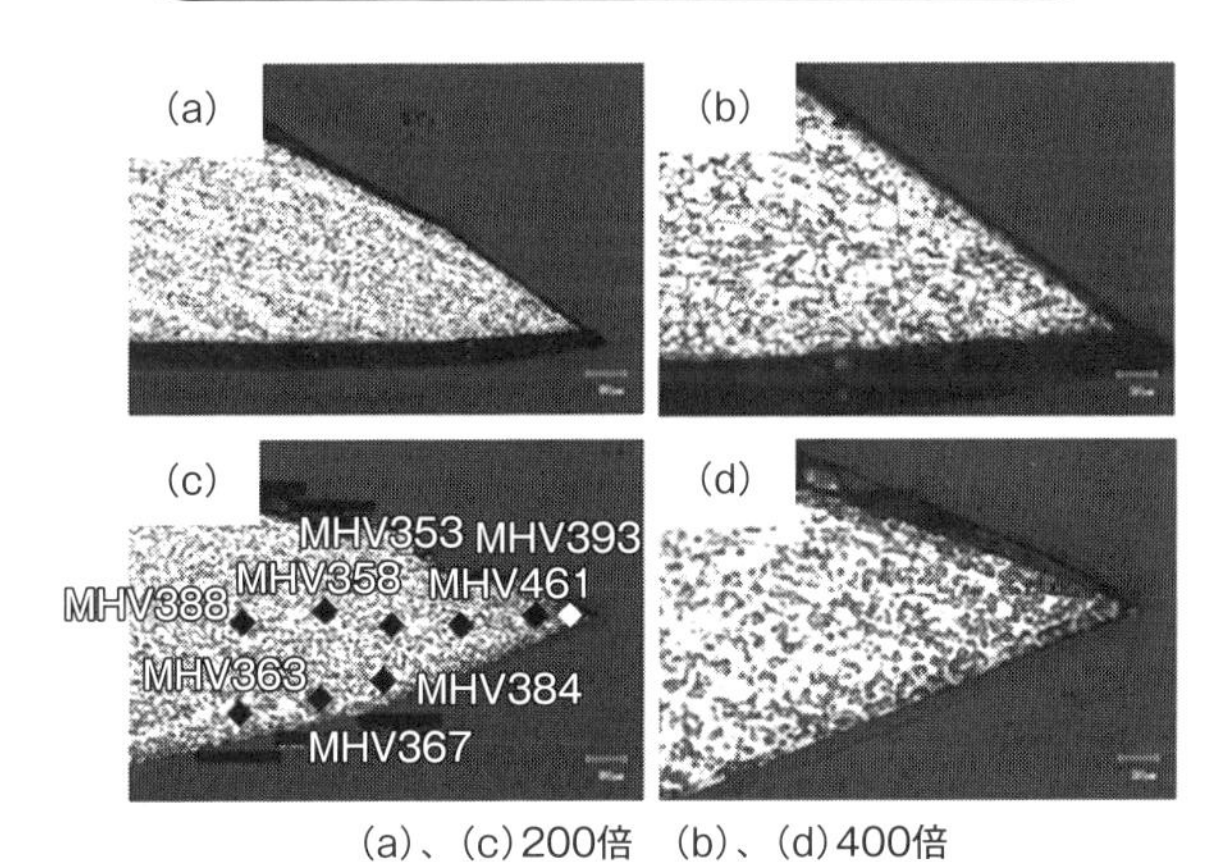

（a）、（c）200倍　（b）、（d）400倍

39 きれいな波形模様のあるダマスカス鋼とそのハサミ

ダマスチールはダマスカス鋼ともいわれています。ダマスカス鋼とよばれる名の由来は、古代インド産のウーツ鋼を使用してシリアのダマスカスで刀剣などに鍛造されていたからです。この刀剣には渦巻き状や波形の特徴的な模様がついています。

ウーツ鋼からは刀剣や鉄砲の銃身、刃物、包丁、ナイフ、フォーク、装飾品などが作られていました。本来のダマスカス模様はるつぼによる製鋼からできたものですが、現在では素材の異なる金属を積層・鍛造して模様を浮かび上がらせた鋼材もダマスカス鋼と呼ばれています。

ダマスチールハサミの表面にはきれいな波形模様が全体に見られ、高級感を醸し出しています。ハサミの刃角度は、先端・刃元域とも40度でした。なお、この刃角度はハサミの平均角度です。マイクロビッカースによる硬さはMHV650～700でした。刃先断面内部の組織にも美しい縞模様が構成されていました。模造ダマスチールは表面だけに模様が加工されていますが、本物のダマスチールは内部にも曲線的な連続模様が生じています。模造ダマスチールを使っている包丁も多くあります。

ダマスチール社製の粉末多層鋼から作られた縞模様は、次頁に示す繊織写真のように黒い領域と灰色の領域から成ります。黒くエッチングされた領域は炭素量の低い0・6C-13・5Cr鋼で、白い領域は1C-14Cr-4-0・2V鋼と考えられます。比較的均一に析出した炭化物（Cr-Mo-V炭化物など）は白いマトリックス（模様）中に多く観察できるからです。

また、ダマスチールは塩酸によってエッチングしてダマ模様をつくっていますが、断面組織のエッジ部を

刀剣、ナイフに浮かんだダマスカス鋼の波形模様

（出典）Per and Mattias Billgren：DAMASTEEL HAND BOOK,DAMASTEEL AB（1999）

ダマスチールで作られた理美容ハサミ

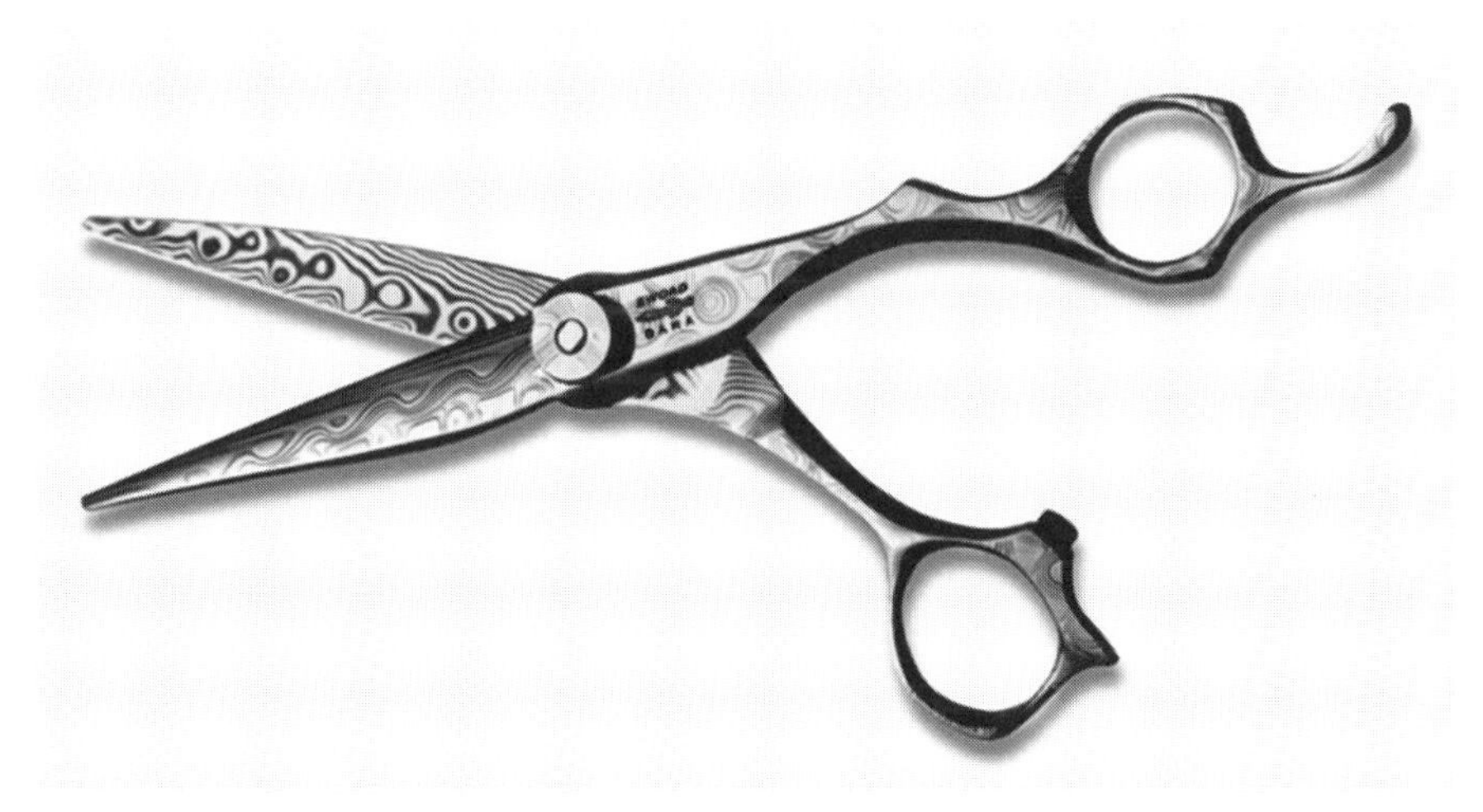

水谷理美容鋏製作所：提供

ダマスチールで作られた包丁の刃先断面

観察すると、黒い領域が凹に見えることから黒い領域よりも白い領域の方がエッチングされにくいことがわかりました。つまり、4%Moが添加されている1C–14Cr–4Mo–0・2V鋼が耐食性を高めていると考えられます。

現代のダマスチールはガスアトマイズ法によって得られた純度の極めて高い微粉末をHIP（Hot Isostatic Pressing：熱間等方圧加圧接合）によって高温高圧の中で、空孔のない鋼塊が作られます。この鋼塊を鍛造・圧延して優れた機械的性質を有する素材を作製した後に、積層・鍛接しています。メーカーによる焼ならし素材（納品時）の公称硬さはHV300程度ですが、焼入れをすると1C–14Cr–4Mo–0・2V鋼の硬さは60〜63HRC（HV697〜772）、0・6C–13・5Cr鋼の硬さは53〜60HRC（HV560〜697）と高くなります。

第6章

食文化を支える刃物

40 揺るがない地位を築いたヤスキハガネ包丁

ヤスキハガネは古くから刃物鋼としては確固たる地位を築いてきました。代表的な製品が日本刀の素材です。島根県出雲地方では良質な真砂砂鉄が採れ、中国山脈の森林で作られた炭によって鉄文化を支えてきました。

ヤスキハガネ包丁は安来の地で受け継がれてきた和鋼（玉鋼）の伝統技術を基にして、日立金属㈱安来工場で最新の技術と経験を駆使して造られた高品質な鋼として世界的に有名な安来鋼から作られています。つまりヤスキハガネは玉鋼＝日本刀のルーツでもあるのです。切れ味に悪影響を与えるリン（P）やイオウ（S）などの不純物は鋼の粒界に偏析して靭性（延性）を劣化させてしまうため極限まで抑えられています。これによって硬く粘りのある刃物にすることができます。

一般に刃物鋼の成分は青紙1号であれば、1・2％C‐0・4％Cr‐1・75％W鋼で、タングステンやクロムが添加されています。さらに熱処理条件を最適化することによって長切れを保証しています。ステンレス刃物鋼であれば、SUS420やSUS420J1（13％Cr‐0・2％Cの基本組成で焼入れ状態での硬さが高く、13％Cr鋼より耐食性に優れたステンレス鋼材）のマルテンサイト系ステンレス鋼です。

ヤスキハガネ製包丁は安来鋼製刃物専門店の㈲守谷宗光によって作られたものです。守谷宗光の刃物は多種ある「ヤスキハガネ」の中から最も刃物に適したものを吟味し、刀匠守谷宗光の技術と経験が活かされて製作された包丁なのです。

著者が調べた包丁は三徳包丁G‐30です。「三徳」とは、肉、野菜、魚に使用できる万能包丁を意味してつ

ヤスキハガネ（YHC）包丁における刃先の断面組織と刃角

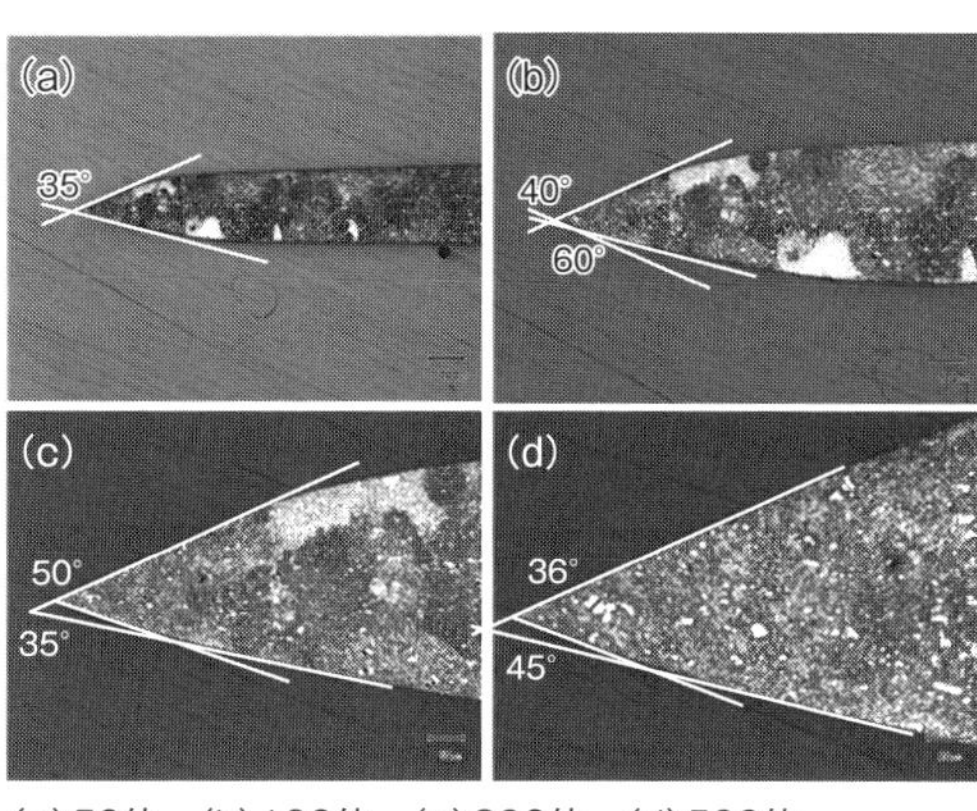

（a）50倍　（b）100倍　（c）200倍　（d）500倍

調査したヤスキハガネ（YHC）包丁

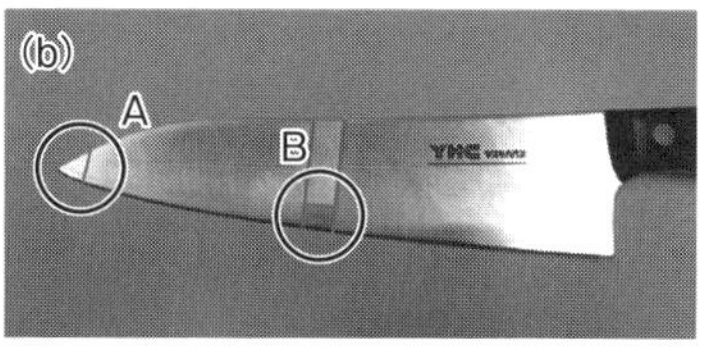

（a）切断前　（b）切断後のサンプル採取位置

けられたネーミングです。化学組成は「銀３」に相当しており、１・０%C−(13〜14・５)%Cr鋼です。

　代表的な組織はマルテンサイトです。刃先は50倍では約35度、１００倍になると約40度になりますが、小刃角は60度でした。２００倍では刃先角度が35度、小刃角が50度になります。さらに５００倍では刃先角度が36度、小刃角が45度を確認することができました。刃元は、50倍では刃角度が15度、刃先角度が30度で、それぞれが刃先部に比べて刃元（中央部）の方が鋭利でした。１００倍では刃先角度が30度です。２００倍になると刃先角度は35度、小刃角が50度になり、５００倍では刃先角度が30度、小刃角が35度でした。このように観察倍率によって刃角が異なる理由は、倍率が高くなるほど刃先角度（第２切削）や小刃角（第３切削）を精度よく測定できるためです。

　マイクロビッカース硬さは刃先が平均でＭＨＶ５７２、刃元（中央部）がＭＨＶ５７１であり、刃先、刃元の硬さが均一であることが認められました。

41 包丁に穴をあけた理由とは

包丁のなかでも側面に穴があいている少し変わり種の包丁があります。

穴の形状はいろいろな形状がありますが、穴の効果の一つ目は、穴の質量分だけ軽量になります。二つ目はキュウリや大根、人参など野菜の切れ離れがよいことです。

穴があいていることによって食材と接する面積が小さくなるので、包丁と食材の摩擦抵抗を低く抑える効果があります。刃の側面に平行して凸ライン（リブ＝葉脈）がつけられていますから、穴あきだけの場合よりは、さらに野菜離れがよいとされていますが、包丁の本質的な機能としては大事なことではありません。

他方で、汚れが溜まりやすいという指摘もありますが、それほど洗いにくいものでもなく、穴が大きいので、細菌の繁殖場所になることもなさそうです。

穴あき包丁の切断面からは組織と刃角と刃角構成、そしてビッカース硬さを調べることができます。調べた包丁は使用済みでしたが、倍率50倍からはおおよその刃角構成がわかります。刃先角度（第2切削）は20度で、刃角度（第1切削）は12度でした。倍率を上げていくと200倍付近から小刃（第3切削）が確認でき、2段刃であることが認められました。小刃は60度、小刃長さは刃先から20㎛程度と小さいものでした。このときの刃角は約24度で、非常に鋭利な包丁でした。素材は刃物用ステンレス鋼が使われており、組織はマルテンサイトでした。

ここで調べた穴あき包丁の特長は、リブ（凸部）が付いていることです。気になるのは、このリブと包丁側面との間にすき間があって、ここに細菌が住みつくのではないかという懸念です。そこでリブ部分を切り取り組織観察を行いました。リブの高さは約2㎜でした。素材とリブ界面部分には、すき間がまったく観察できませんでした。当初はスポット溶接を含めた溶着と思っていましたが、側面との組織的な違いはなく期待を裏切ってくれました。製造方法の詳細はわかりませんが、鍛造で造られている可能性があります。

穴あき包丁

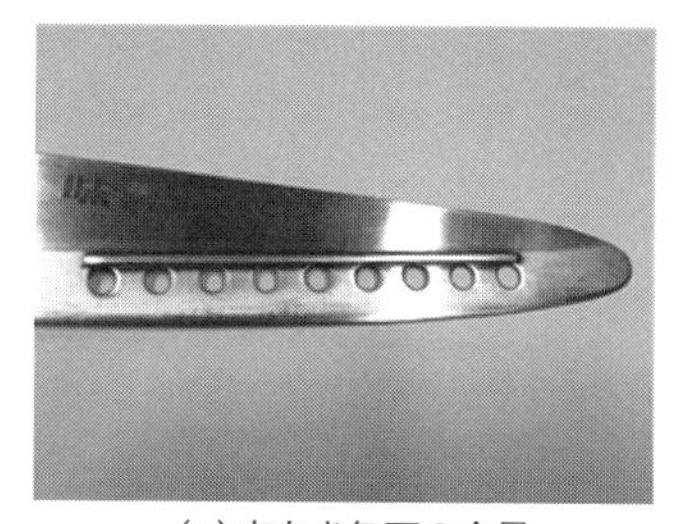

(a)穴あき包丁の全景

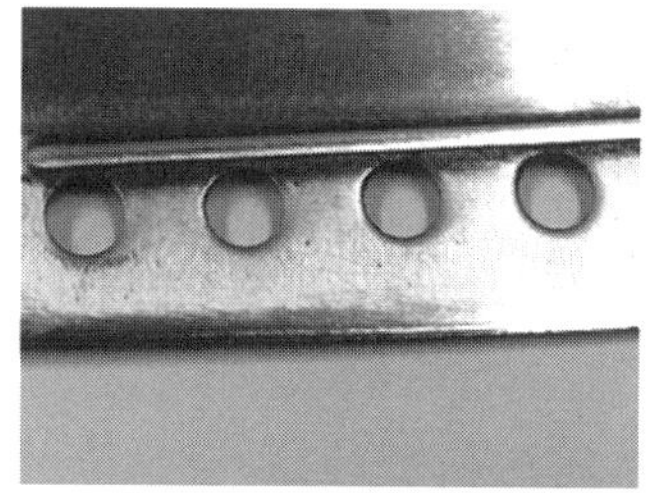

(b)穴と切り離しリブの拡大部

穴あき包丁リブの溶接部における断面組織

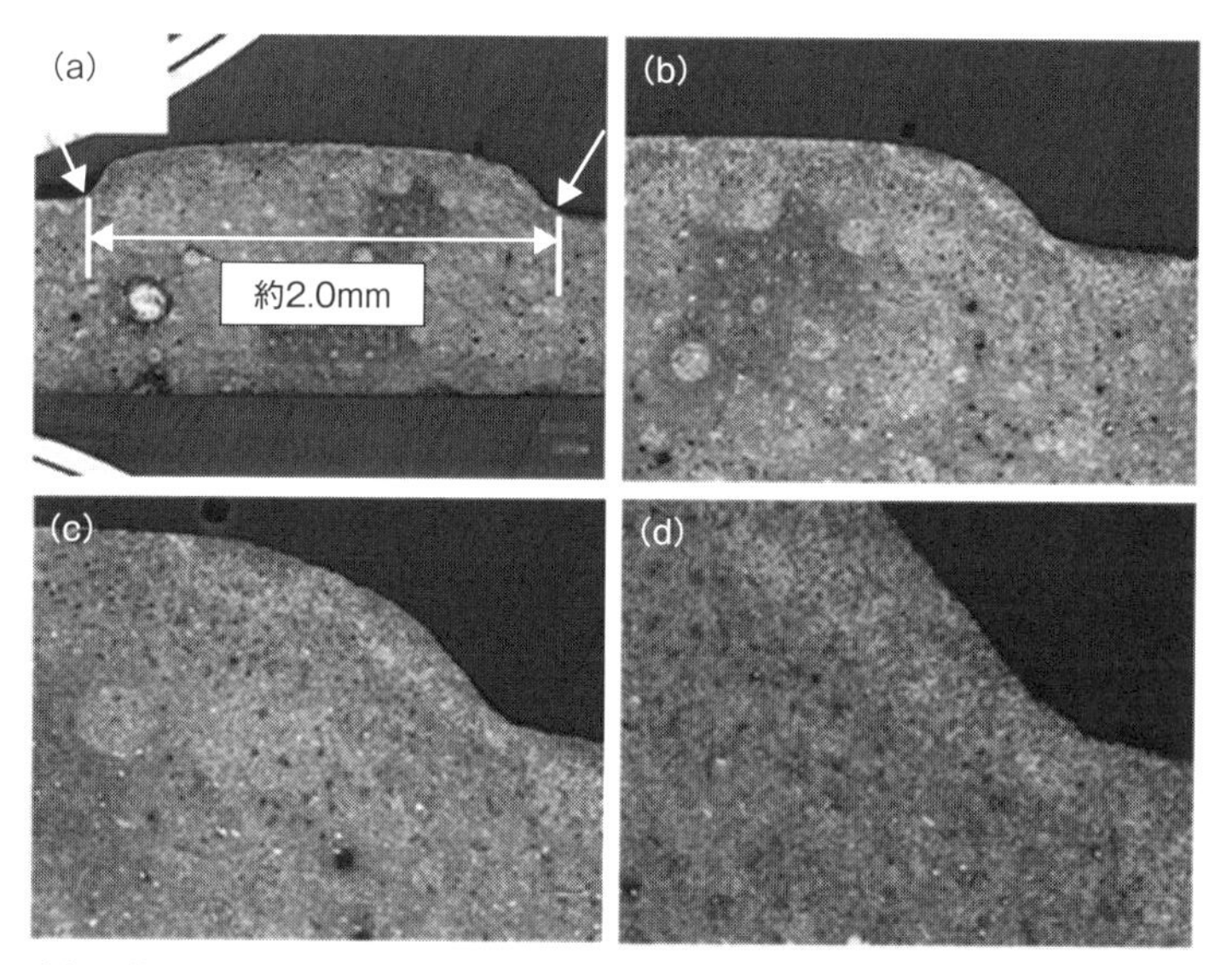

(a)50倍　(b)100倍　(c)200倍　(d)500倍

42 そばの角が立つのがそば切り包丁の必要条件

そばを切るのはうどんを切るよりも難しいといいます。薄く延ばしたそば生地を切るために、そばを折りたたんでまな板に乗せますが、この折りたたんだ厚さは30㎜になることもあります。厚さ30㎜、長さ300㎜が幾重にも重なったそば生地を、上から下まで同じ幅で切らなければなりません。それも包丁の先から根元までを同じ幅で切らなければならないので、普通の包丁で切ることは至難の業です。

そば切り包丁の場合は、刃先が直線でないとまな板に均等に刃先が当らないために、そばが切れたり、切れなかったりします。このためそば包丁は特殊な包丁といってもよいでしょう。江戸時代からの伝統の鍛治造りで製造された「総火造りそば包丁」から、扱いやすい「ステンレス鋼包丁」まで多種類あります。

そばは「切りべら23本」といって、そばの幅が約1・3㎜に切るのがもっともおいしいと江戸時代から伝わっています。つまり、「切りべら」は「切平（きりへら）」といい、延した厚さよりも切り幅を薄くします。この反対は「延平（のしべら）」といい、延しの厚さより切り幅のほうが広い形のことをいいます。

江戸後期から明治にかけて江戸のそば職人によって、そばの切り幅についての御常法（御定法）が確立されました。その背景は、そばを切る専用の包丁と定規の役割をする小間板が同時進行で改良されたと推測できます。そばの太さ、細さを畳んだそば生地一寸（30・3㎜）を切る回数で区分して、「中打ち」を標準とし、「太打ち」と「細打ち」に大別しています。

「中打ち」は前述したように「切りべら23本」といい、畳んだそば生地1寸を23本に切るのです。したがって、1本の切り幅は約1・3㎜になります。そばの断面は生地の厚みを約1・5㎜に延ばしたとすると、多少縦長ぎみの長方形になります。「太打ち」は、「切りべら15〜10本」ですから切り幅は2〜3㎜の太さになり、地方で見かける太い田舎そばなどが相当します。「細打ち」は変わりそばなどに多く、「切りべら40本」程度ですから切り幅が0・8㎜くらいの細いそばです。さらに細くなると「極細打ち」と呼ばれます。

　このようにそば切りにも伝統の経験則があります。そば切り包丁に必要な条件は、そばの角が立っており、切断面に輝きがあるものがよく、悪いそばは切断面がつぶれた面をしていますので、断面形状は包丁の切れに左右されます。

そば切り包丁

そばの断面

43 1つの包丁で千切りから骨まで叩き切る中華包丁

中国4000年の食文化を支えてきた中華包丁には大きな魅力があります。中華包丁は、1つの包丁で繊細な千切りから、骨を叩き切り、刃の腹（側面）でハンマーのように食材をつぶすことができます。長方形の大きな包丁というイメージがあると思いますが、尖った三角形の中華包丁もあります。

中華包丁を和包丁と比較すると、菜切り包丁を大きくした形をして、出刃包丁の2倍ほどの重さがあり、三徳包丁のような万能さを組み合わせた包丁です。つまり、中華包丁はどんな用途にも対応できる万能な包丁ともいえます。しかし和包丁に慣れている日本人にとっては、中華包丁は重く感じるために扱いが難しい包丁です。

中華包丁は大きく分けて3つの種類があります。この基準は刃の厚さによって分けられています。

・薄刃：軟らかい肉や野菜に適した中華包丁で、普通の家庭で用いられます。
・厚刃：万能型の中華包丁で、魚や鳥の骨くらいなら叩き切れます。
・厚刃：硬い鶏などの骨をたたき切ったりするのに使われるので、叩き切るのに適した中華包丁ですからプロ向けです。

中華包丁と菜切り包丁や刺身包丁などの和包丁との大きな違いは、中華包丁は「重さの衝撃で切る」という点にあります。中華包丁を選ぶときは、大きさや重さが自分に合っているかを手に取ってみることが大切です。重さは350～500gほどです。自分の手に合ったものを使わないと、途中で疲れてしまいます。

日本ではスライスした肉が多く売られていますが、中国では大きな肉塊で売られているので、骨を切るため

中華包丁

「中華八宝」伊藤世君氏：提供

にある程度の大きさと重さのある包丁が必要になります。

中華包丁のメリットは、中華包丁1本でほとんどの調理ができる、幅があるので食材を乗せて運べる、重みがあるので楽に切れる、食材を選ばずに切れることなどです。これに対してデメリットは、重くて扱いにくく、丈夫な「まな板」が必要で、使いこなすのにコツがいります。刃を研ぐのにも慣れが必要などです。

44 パンをつぶさずに切るためのノコ刃付きパン切り包丁

パン切り包丁はパンを切るための包丁です。パンをつぶさずに、柔らかいパンも切りやすいように刃幅を狭く、そして刃が鋸状や波形になっています。刃の全域がノコ刃状になっているパン切りや、先端部分だけがノコ刃になっているパン切り包丁など種類も豊富です。

普通の包丁では、パンを切るときにつぶれたり曲がってしまい、うまく切れません。そこで使われるのがパン切り包丁です。刃が長くギザギザしているので切りやすく、素早くきれいに切れます。パンだけでなくケーキなどの柔らかい食材を切るのにも適した包丁です。しかし、実際にパンやケーキを切ってみると、切り粉を出さないでパンを切るのは難しいです。

切るにも条件があります。うまく切るには焼いてから1日ほどたったパンがよく、周りが硬くない方がよく切れます。パンを横にして、下の面を手前に向けて切る、最初の切り込みのときは、奥の角からゆっくりとパンにナイフを入れていく、上の半面を切り込んだ後は、「押す」ときに切り、「引く」ときは力を入れないことがうまく切るためのテクニックです。また包丁を少し暖めると、パンの油分が溶けてよく切れます。

左頁の上の写真に示したのが、今回調べた刃先です。刃の形態としては鋸歯状ではなく、波形に刃がつけられ、さらに刃部に対して直角に歯が付けられていました。

パン切り包丁における刃先（先端部）の刃角と光顕組織を左頁の下の写真に示します。それぞれの刃は片刃から成っています。刃角は鋭く約20度でした。また刃の組織はマルテンサイトでしたが、旧オーステナイト粒界にはクロム欠乏層（炭化物の凝集粗大化）が認められました。このクロム欠乏層が認められたことは、適切な熱処理が施されていないことの傍証でもあります。

実は、このパン切り包丁は「百均の製品」です。この波形あるいは鋸歯状刃の最大の欠点は、刃の間に錆が生じ、食材が挟まってそのまま残留して菌を繁殖してしまう懸念です。百均のすべてが悪いというわけではありませんが、最低限の素材と製品管理が望まれます。

とはいえ、百均製品のパン切り包丁にもそれなりの手間暇がかけられている痕跡が認められました。それは波形と鋸歯状に造られている部分です。波形はプレスで打ち抜かれていますが、鋸歯は数回にわたってきれいに切削された痕跡が見られました。

パン切包丁の波形部

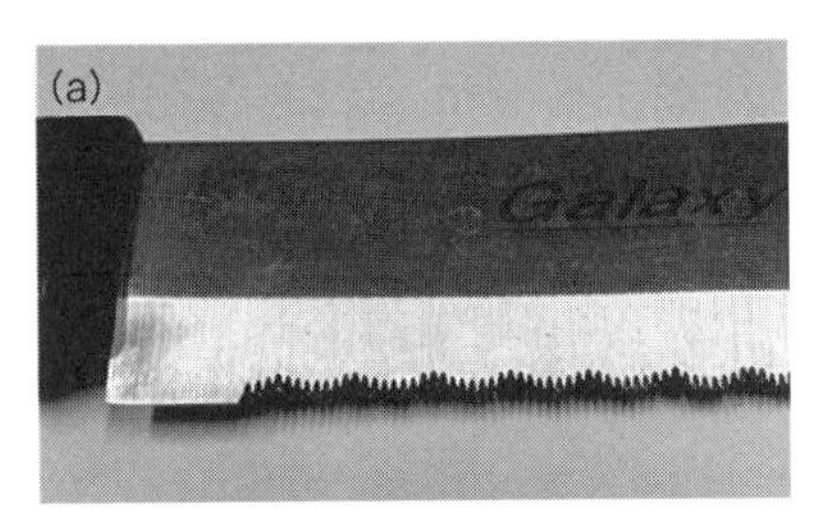

(a) 刃先部の波形型

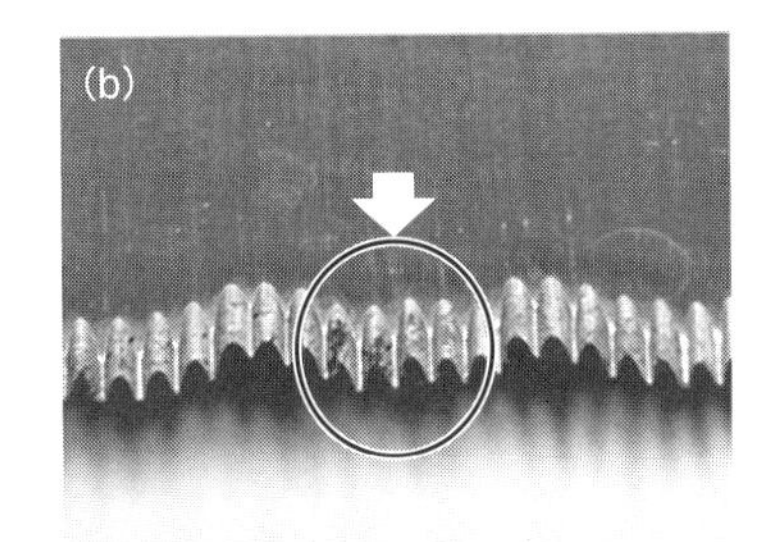

(b) 波形刃先の拡大写真

パン切り包丁における刃先角度（先端部）と光顕組織

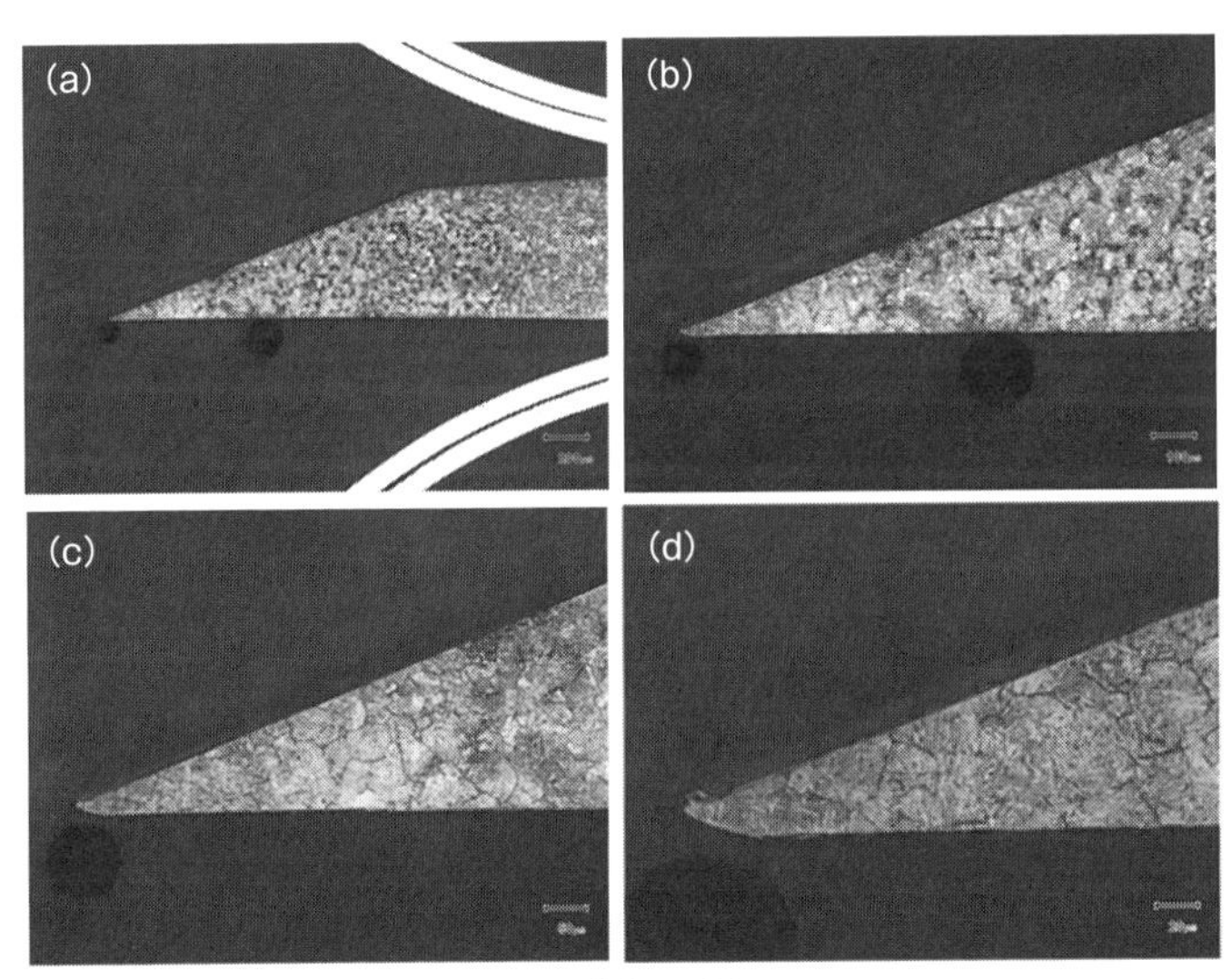

(a) ×50　(b) ×100　(c) ×200　(d) ×500

45 野菜や果物の皮をむく調理器具の革命ピーラー

ピーラー（peeler）とは、主に野菜や果物の皮むきを目的とした調理器具です。形状は、Y字形もしくはU字形の中間に刃が取り付けられています。

ピーラーの刃は、食材に無造作に当ててもきちんと食材に向くように軸比をずらして作られています。食材の表面に刃を押し当て、皮だけを削ぎ落とすのがピーラーです。刃の形状がある一定以上の厚みには食い込まないように工夫されているので、包丁などを使う場合に比べて簡単に一定の薄さでスピーディーに皮むきができます。

もちろん、皮をむくだけでなく、材料を薄く切る調理加工に用いることができます。また、ゴボウを千切りに切れば、きんぴらにもなります。刃は左右対称に取り付けられている製品が多く、ステンレス鋼刃が多いようです。

ここで調べたピーラーは「でかピーラー」とネーミングされたもので、刃渡りが約80㎜のワイドサイズです。キャベツの千切りやダイコン、ニンジンの薄切りも可能です。著者は刺身のツマをこのでかピーラーで作ります。大根の皮を薄くむいた後に、丸めてスライスするだけで簡単にツマができるので便利です。ピーラーの刃を簡易定量分析した結果、13％クロムの添加が鮮明に確認できました。

調べた刃幅は約3㎜、刃の厚さは1㎜と極めて薄い刃から作られています。取り外して研ぐ構造にもなっていませんから、一度生じた刃の返しはほとんど取ることはできません。

左頁の下の写真はピーラー刃の金属組織と刃角を示します。刃角は15度と鋭利でした。低倍率では刃先の返し（バリ）はわかりませんが、倍率が高くなると刃先の返しがよく見えるようになります。調べたピーラーは未使用でしたが、使っていると返りがなくなる可能性はありません。刃先に厚みがないと先端の刃先がぺらぺらしてしまい、返しが大きくなり、切れ味はさらに悪くなるかもしれません。しっかりした切れ味を保つには、ある程度の刃厚が必要であることが、このピーラーの刃先が教えてくれます。

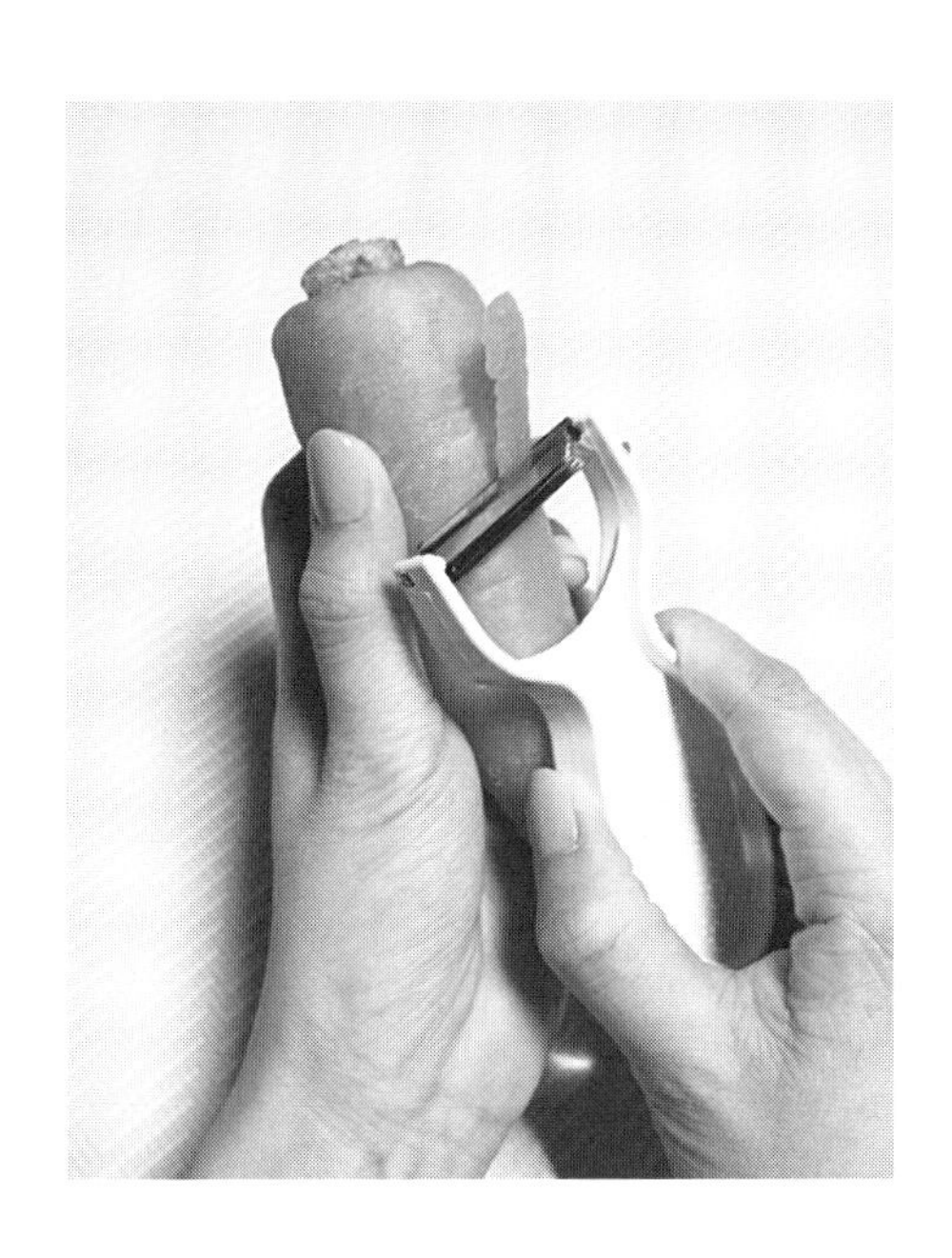

ピーラーにおける中央部の刃元角度と光顕組織

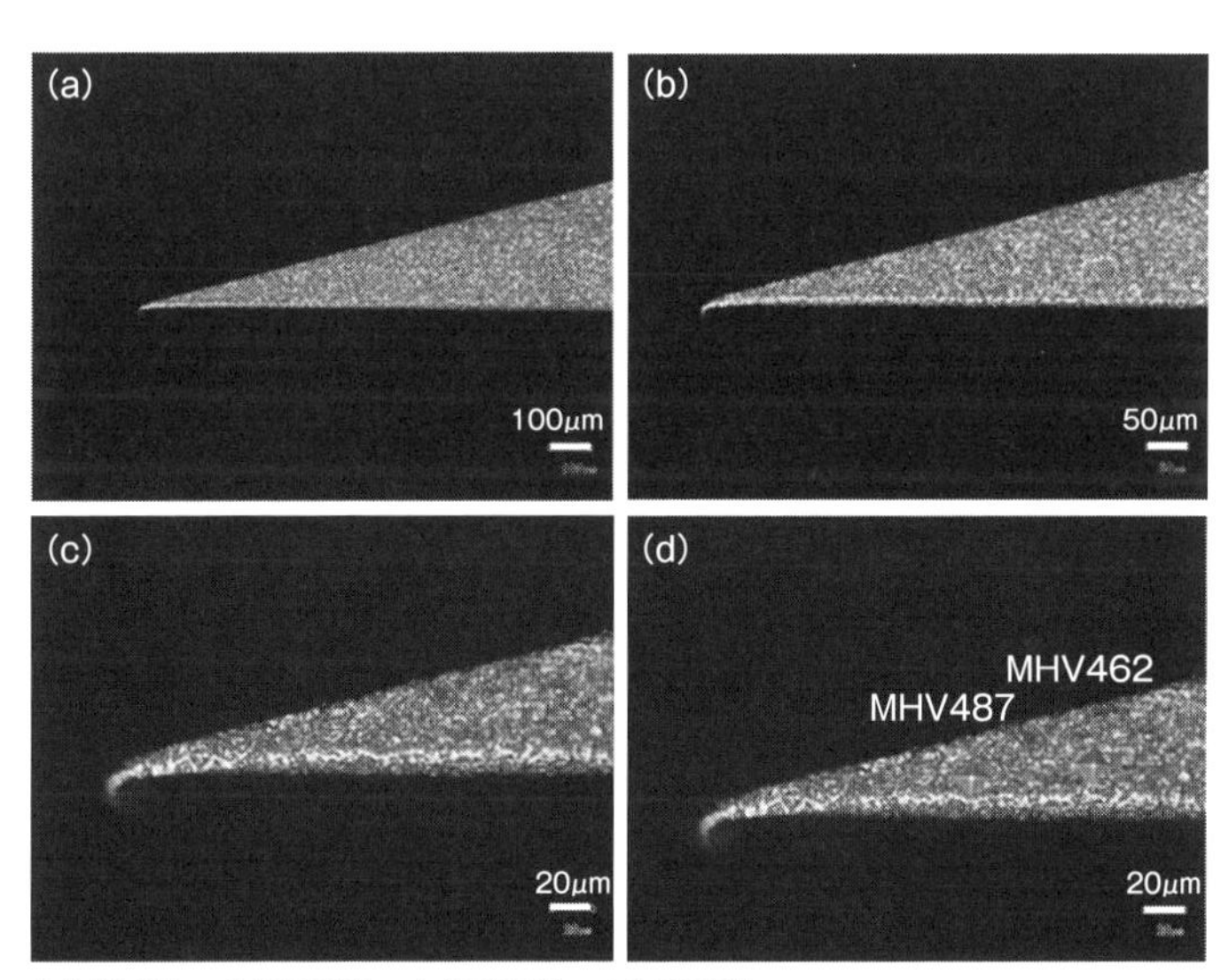

(a) 100倍 (b) 200倍 (c) 500倍 (d) 500倍

46 軽くて切れるチタン製包丁の正体

先が潰れてしまう、チタン合金では強度が高すぎて加工が大変……と何となく思っていました。そこで本格的なチタン包丁を手に入れて調べてみました。

調べたチタン包丁は、銀含有チタン合金に超硬質微粒子粉を混ぜて焼結して製造されたものです。包丁に貼付されていた品質表示には、「表面には光触媒酸化チタンがコーティングされています。これによって食中毒菌の滅菌性能と付着有機物の酸化消滅機能を付与し、食品包丁としての重要な衛生機能を保持している」とあります。さらに「超硬質微粒子は、チタンにハガネの4倍の硬さをもつ超硬質微粒子」とありましたので、これに準じて超硬質微粒子と呼びます。

銀含有チタン合金包丁の母相（マトリックス）を簡易分析しました。ベースメタルはTi−3Al−4Vで、アルミニウムがTi−6Al−4V合金に比べて半分の組成でした。また分析SEMを用いて超硬質微粒子を調べました。この結果、微細粒子の大きさは0・1〜0・05μm（100〜50nm）、成分はケイ素（Si）と炭素Cのピークが検出できたので炭化ケイ素（SiC）と同定しました。

次に、包丁を切断して刃角と組織を調べました。この結果、刃角は小刃角が約45度、刃先角度が約30度でしたが、刃先はやや片刃に近い形状をしていました。母相の硬さはMHV450〜470付近でした。超硬質微粒子の硬さはMHV826〜1000もありました。参考に純チタン、チタン合金およびセラミック含有チタン合金のビッカース硬さの関係をグラフに示します。純チタン2種の硬さがおよそHV160で、6Al−4V−Ti合金の硬さがHV320です。ハーフ合金のT−3Al−2・5Vのマイクロビッカース硬さはHV225でした。これに比べてチタンハイブリッド包丁

調査したチタンハイブリッド包丁

(a) 切断前

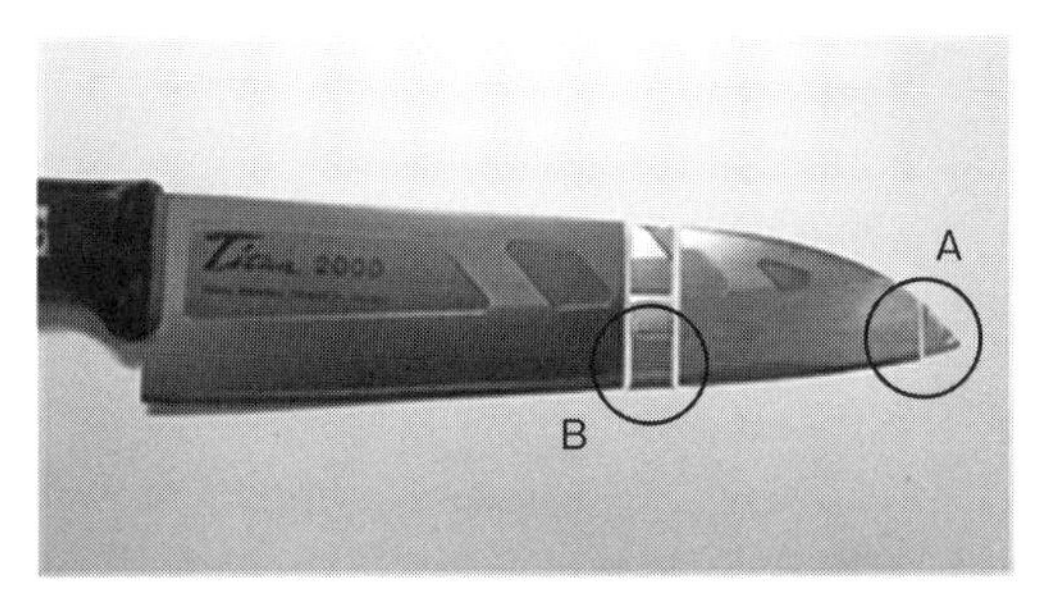

(b) 切断後

チタンとチタン合金のビッカース硬さ

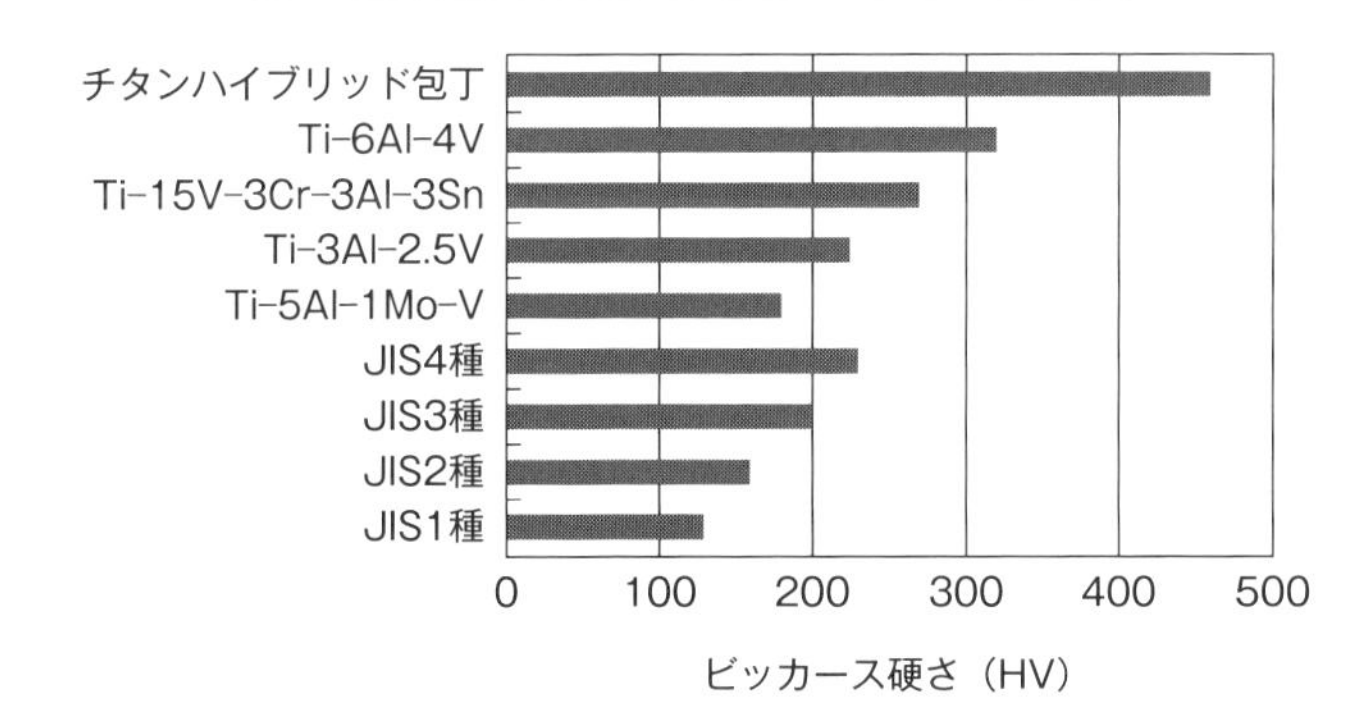

の母材硬さの平均がMHV460であったことから、チタン素材としてはかなり硬いといえます。これは前述したように100〜〜50nmの微細酸化物による分散強化が寄与しています。

チタンハイブリッド包丁にみられた
超硬質微粒子

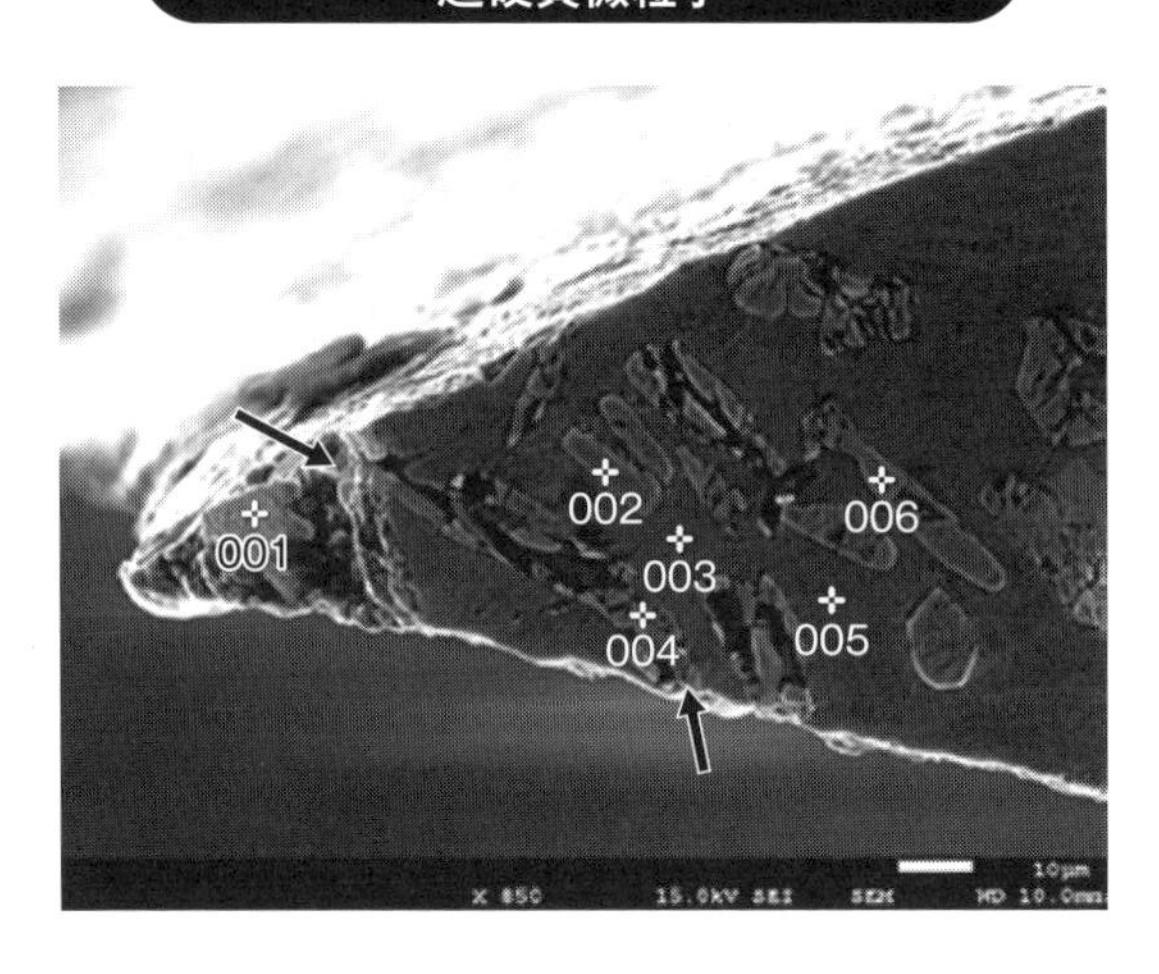

チタンハイブリッド包丁を2～3年ほど前から時折り使っていました。その刃先の先端状況をSEM観察したところ、大きな刃欠けが認められました。この状態は、まず軟らかい母相が磨滅した後に超硬質微粒子が刃先から欠落したものと考えます。刃物素材に硬い粒子を混ぜて強度や硬さを高めようという考えは昔からありましたが、母材先端が磨滅してくると、硬い粒子が欠落してギザ刃（歯）になる確率が高いことを間接的に実証したものといえます。

上の写真の001および004ポイントを定性分析した結果から純チタンに相当する塊状粒子が検出されたのです。つまり、超硬質微粒子に比べてかなり軟らかい粒子が形成していることがギザ刃の原因と考えられます。塊状粒子が生成しており、亀裂が生じていることも確認できました。

なぜチタン合金中に純チタン粒が生成されたのかについては調べていませんが、熱処理条件などを含めて製造中に何らかの合金元素の濃度勾配が生じたものと考えられます

第7章

家具・調度品を
作る刃物

47 マサカリは鈍角の刃先をもつ打製刃物

マサカリ（鉞）や斧は、鈍角の刃先をもつ刃部に細長い柄を取り付けた道具です。いろいろな説がありますが、マサカリや斧の原型は石器時代にみられます。握斧（ハンドアックス）は前期旧石器時代の代表的な石器といわれ、人類にとっても長い歴史があります。つまり、人類の誕生に伴って産まれてきた道具といえます。

木材は山で伐り出され、加工され、さらに大ノコギリで挽き割られ、マサカリで面がつけられます。このようにマサカリや斧は木挽職や大工職が主として使っていました。刃部の刃先幅が狭いものを斧と呼び、刃先幅の広い斧をマサカリと呼んでいるという説があります。マサカリの定義は二通りあります。柄の部分が20～30㎝くらいで片手で使うものという説と、多くのものが両手使いであるから重量も重いという説があります。

『広辞苑』によるとマサカリは「斧に似た大型の道具。おもに木を伐るのに用い、また古代には兵器、刑具にも用いた」とあり、斧は「マサカリの小さいもので、木を伐りまたは割るのに用いる道具」とあります。ここでは『広辞苑』の定義で解釈して話を進めます。この解釈をすれば、日本の昔話に登場する金太郎がマサカリを担ぎ、熊の背に乗っていると描写されている絵とも符合し、金太郎の歌にも「マサカリ担いだ金太郎……」の出だしがあります。著者が子どもの頃、よく口ずさんだ歌との整合性もあります。よく絵にでてくるマサカリは大きなものでした。

著者が調べたマサカリは㈲水谷理美容鋏製作所の代表である水谷裕一氏から提供されたものです。製作年はわかりませんが戦前のものと考えられます。柄の長

マサカリ（水谷裕一氏寄贈）

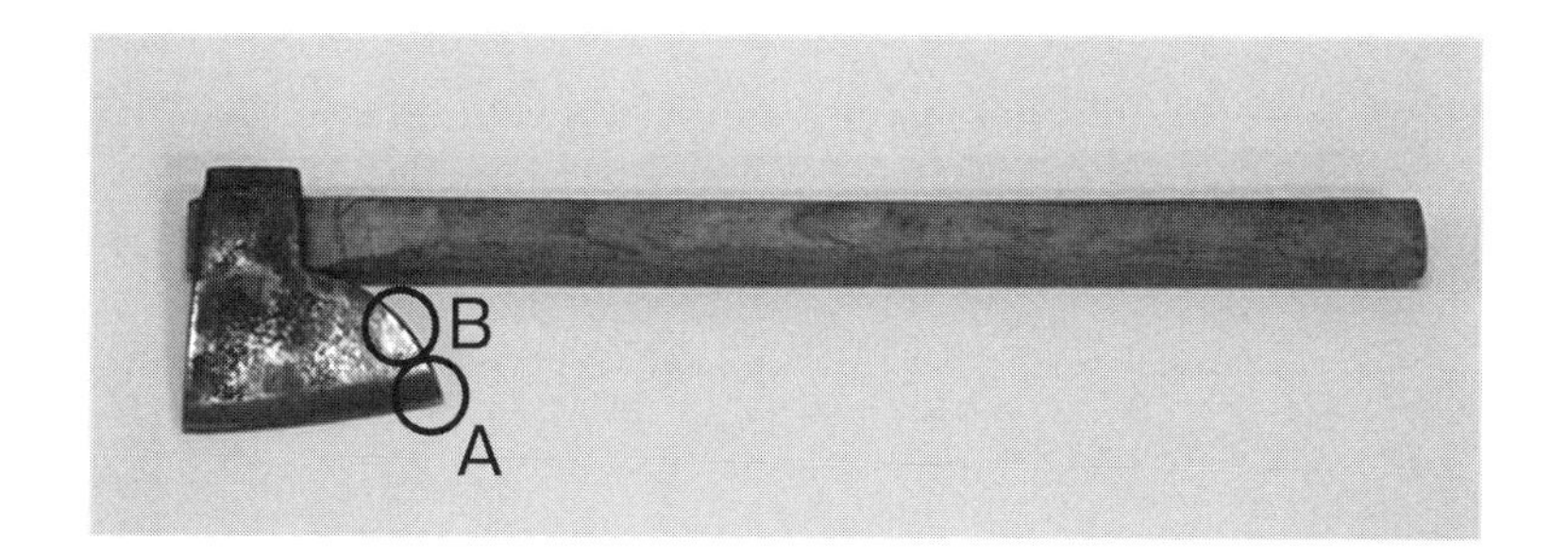

さはおよそ60㎝あります。刃部と内側の背部の金属組織とビッカース硬さを調査しました。刃角は約50度で、これまで調べてきた刃物類のなかでは木挽ノコギリと同等な刃角でした。驚くことは、刃先の形状が鈍角にもかかわらず刃先はそれほど摩滅していませんでした。

さらに著者が不思議だったのは、組織がフェライトであったことです。フェライト組織の硬さはMHV150付近で、マルテンサイト組織に比べると2～5倍も低い硬さでした。刃物の金属組織は基本的にはマルテンサイトあるいは焼もどしマルテンサイトですが、このマサカリの刃先部には50～100㎛の大きさのパーライト、炭化物（セメンタイト）が星形に観察されていました。この結果から炭素量に偏析があることがわかります。

刃先は脱炭の影響もありますが、組織を見る限りでは0・1%程度、背部は0・45～0・5%付近の濃度でした。つまり、最外周から内側に向かって錆→脱炭によるフェライト→パーライト（外周に近いほどパーライトの密度が高い）→フェライト組織になっていました。通常であれば刃先へは鋼の割り込みを行うはずです。フェライト地の軟鉄へ左右均等に鏨（たがね）で切込みを入れて鋼を差し込んで製造することによってマルテンサイト組織にします。背部のフェライトは衝撃吸収の役割を担うと考えられます。

このようにマサカリは前述してきたように衝撃のかかる道具であるので、鋼の割込みは有効に機能するはずです。しかし、ここで調べたマサカリの背部はフェライトとパーライトの混合組織でした。確かにマルテンサイトは硬くて、よく切れる組織ですが、脆く欠けやすい組織です。

マサカリを自在に扱っていた木挽職や大工職が使用する小振り、大振りの刃物を使って大木や枝打ちをするにしても、ときには硬い節を打ち、石のような非常に硬いモノを打つこともあったかもしれません。割れて使えなくなるよりも、変形しても使い続けることを優先してマサカリを作り込んできたのかもしれません。

マサカリの刃部（A）における刃角と金属組織

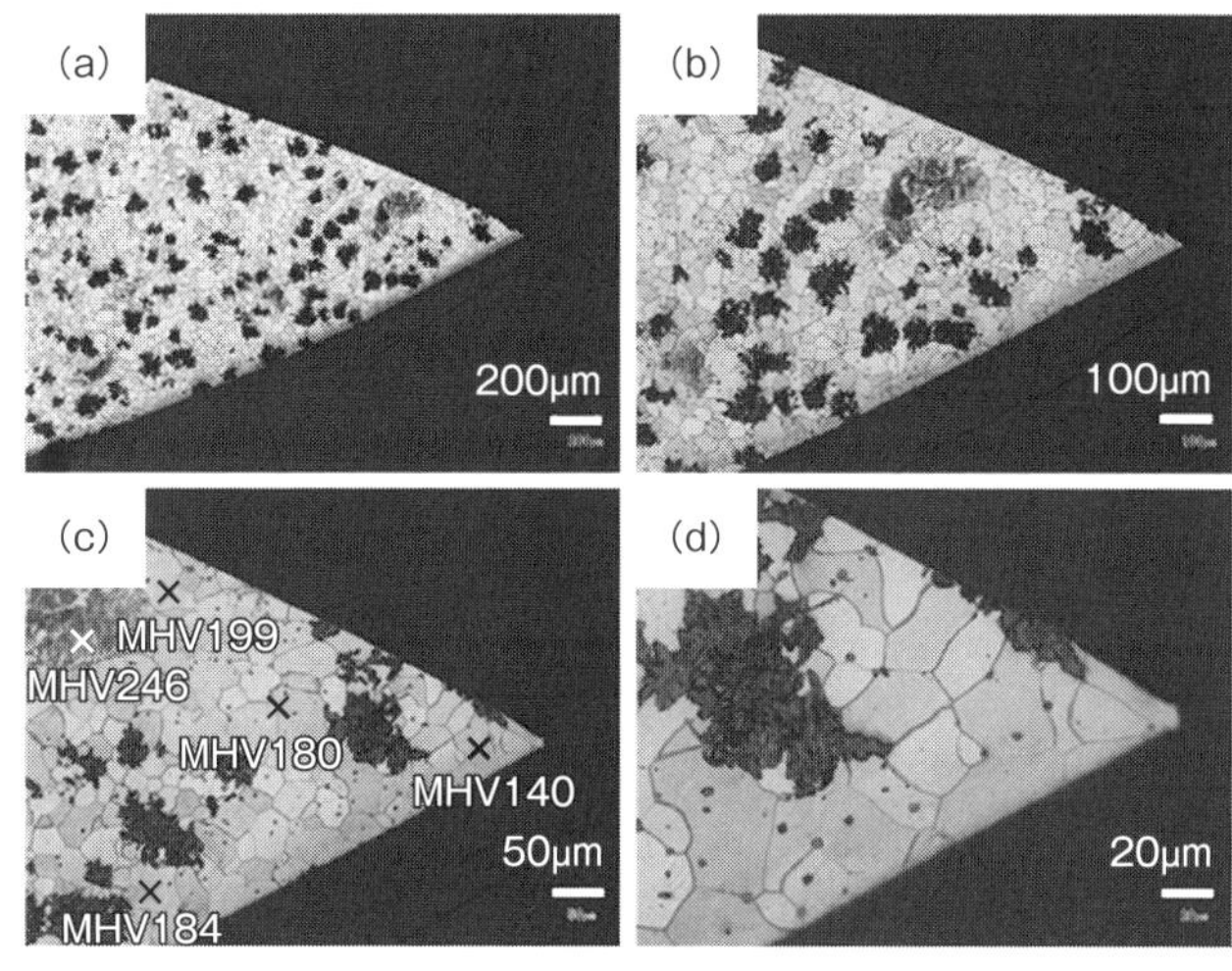

（a）50倍　（b）100倍　（c）200倍　（d）500倍

マサカリの背部（B）の金属組織

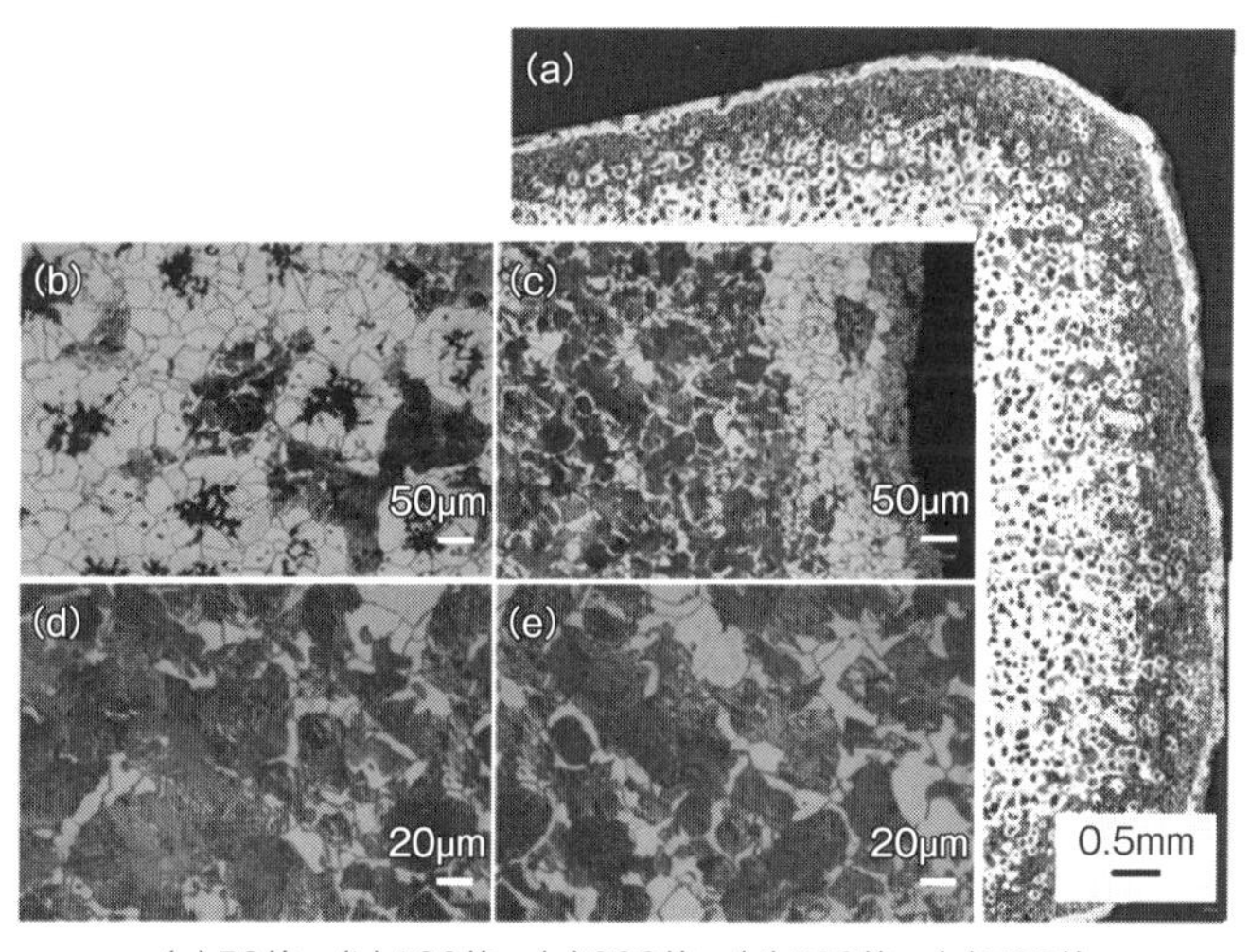

（a）50倍　（b）100倍　（c）200倍　（d）500倍　（e）500倍

48 カンナの刃は着鋼で作られている

カンナ（鉋）は、日本では歴史的にみると2種類存在していました。ヤリカンナとツキカンナです。

ヤリカンナは槍のような形をしており、突く、引くなどによって自由な曲線が得られるため、魔法のカンナともいわれています。しかし、扱う人の腕前で切れ味が大きく異なるため使う人が少なくなっています。

ツキカンナは台カンナ、平カンナとも呼ばれています。初めはツキカンナと呼んで、ヤリガンナと区別していました。台カンナは室町時代以前には存在しなかったようです。台カンナはヤリカンナ以上の工作精度と使いやすさがあったので木工具として高く評価され続け、ヤリカンナを駆逐してしまったのでしょう。

著者はこれまで名匠千代鶴是秀のカンナについて調べてきた経緯があります。貴重な千代鶴のカンナを切断するわけにはいかなかったので、手研磨で表面組織を観察した経験があります。金属組織は表面部と内部では大きく異なることが多いので、ここでは切断法によって金属組織に加えて刃角およびビッカース硬さについて調べました。

調べたカンナはホームセンターでも売られている「汎用カンナ」です。カンナには「龍蔵」と銘が書かれており、本樫台（42×180㎜）の小型カンナで、鋼付、本刃付とあります。カンナ刃は2枚刃（鉋身と裏金）でした。典型的な合わせ刃物であり、軟鉄に刃金（鋼）を着鋼させたもので、粘さと硬さを併せてもった片刃から構成されています。刃角は30度でした。刃先の返りは倍率が50～200倍ではよくわかりませんでしたが、500倍になると返りの大きさは20μm程度であり、きわめて小さい返りだったので、それほど大きな影響はないものと考えられます。

小型かんな「龍蔵」(42×180mm)

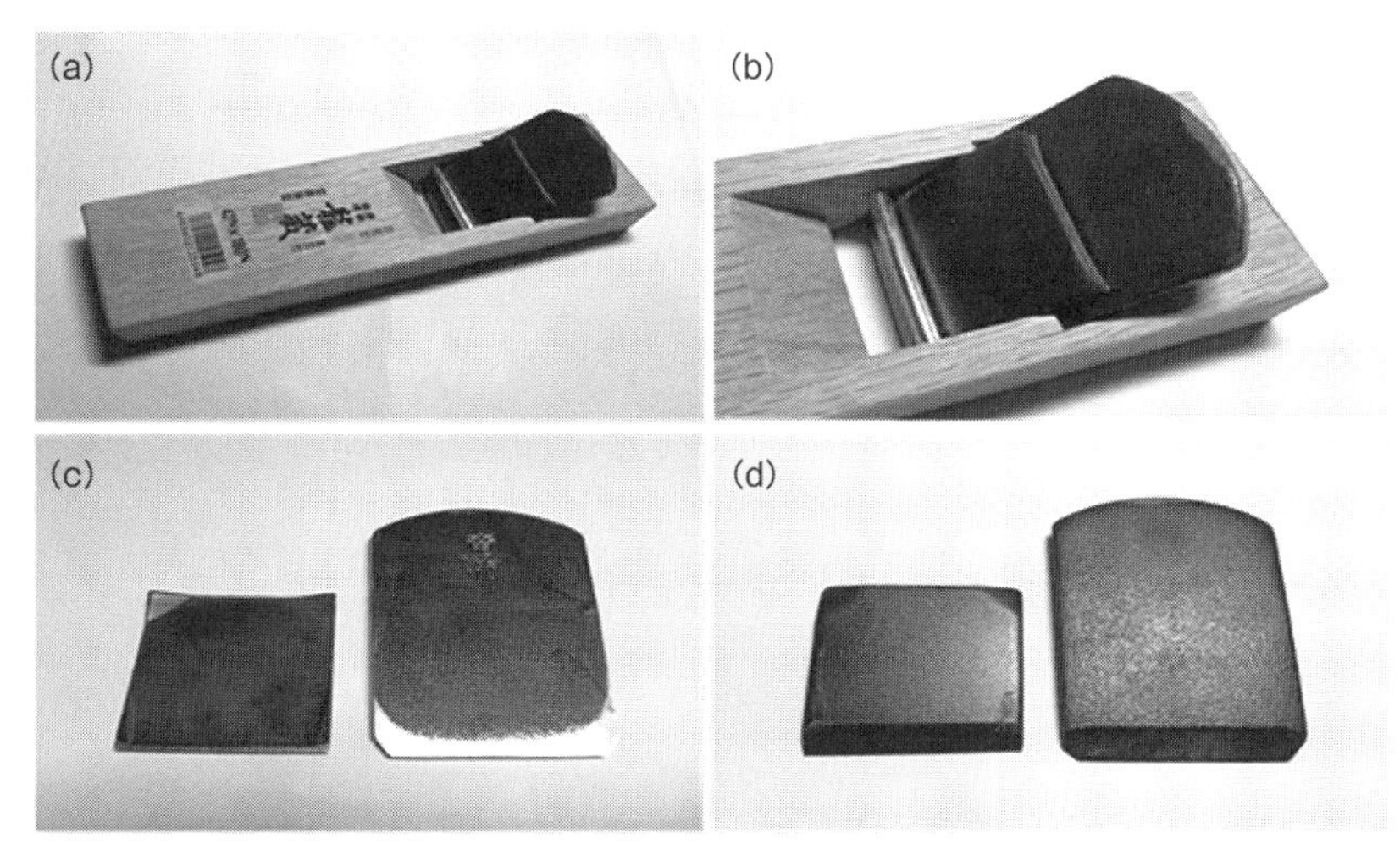
(a)、(b):カンナの外観 (c)、(d):鉋身と裏金(押え金)

軟鉄はフェライト相から成っており、MHV125でした。また刃先のマルテンサイトはMHV913~626の範囲で、刃先は非常に硬いことがわかりました。裏金(押さ金)は軟鉄のフェライトから成っており、ビッカース硬さもMHV120~130付近と非常に低い硬さでした。

かんなの鉋身における鋼/軟鉄界面組織(a)、(b)と刃先組織(c)、(d)

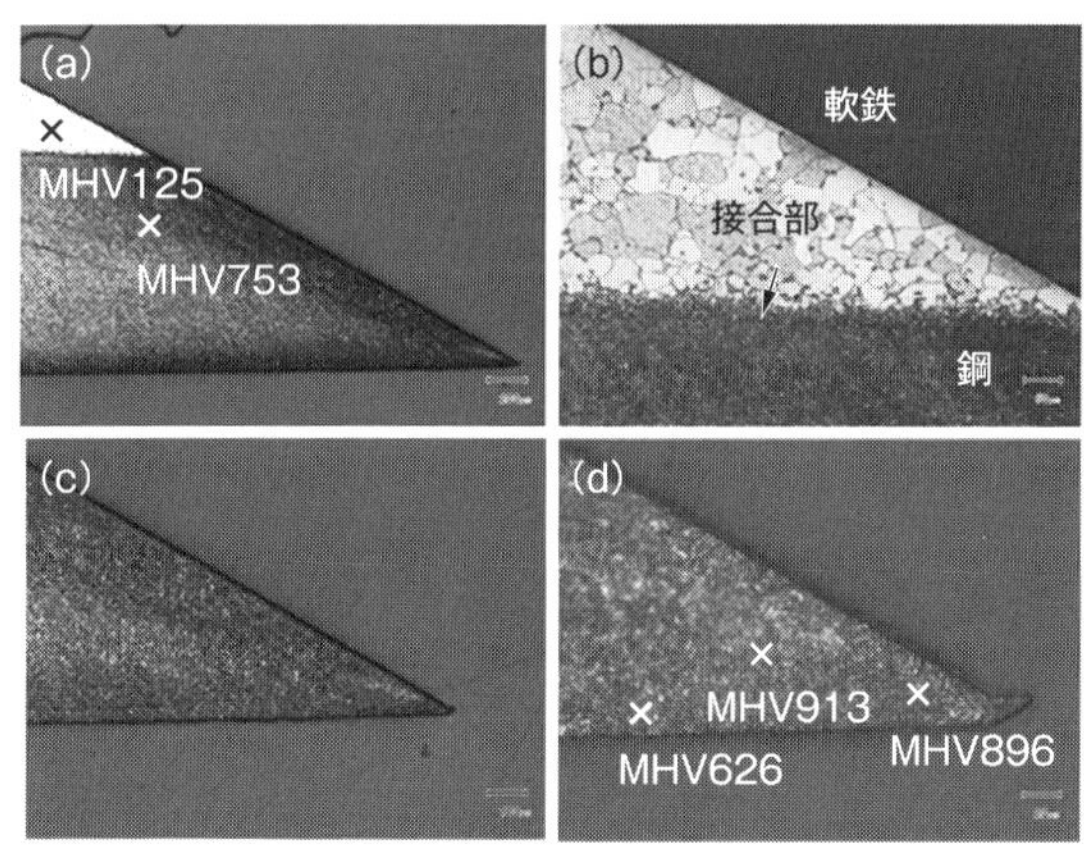

(a)50倍 (b)100倍 (c)200倍 (d)500倍

49 極軟鋼に鋼を接合した彫刻刀

仏師や鎌倉彫の彫刻師にとって彫刻刀は命のようなものです。一般に彫刻刀は地金（極軟鉄）の上に鋼を接合して作られています。

まず初めに鋼の板を加熱し、次に地金を加熱して表面についている酸化鉄を取り除いていきます。地金と鋼の間に接合剤（ホウ砂と酸化鉄粉）を降りかけて火の中に入れ、接合剤が十分になじんだら、鋼の小片を載せて900℃前後になったときに金床の上で叩いて圧着させます。その後、焼入れをします。この圧着したものを「着鋼」といいます。この着鋼された素材は、彫刻刀以外にもいろいろな刃物に加工されています。

彫刻刀には多種多様な形がありますが、最も基本的で多用される彫刻刀が小刀です。彫刻刃は軟鉄に鋼を貼り合わせて研ぎやすく、切れやすい構造にしています。また鋼の材質の種類によって切れ味や刃持ちが微妙に異なります。

ここで調べた彫刻刀は、平刀、丸刀（曲刀）、小刀（版木刀、切り出し刀）、三角刀を対象にしました。

平刀の刃先角度（第2切削）を調べると約20度と小さく、彫刻刀の刃角は包丁などに比べると切れ味を優先して小さいことがわかります。小刃角（第3切削）は約30度でした。マイクロビッカース硬さは刃先よりわずかに低く、MHV630でした。刃元側へ約0・5㎜内側ではMHV752とやや硬くなっており、組織はマルテンサイトでした。刃材は分析してSK材かSK相当材、あるいはハイス鋼が使われていると考えられます。

丸刃の刃先角度を調べると32度であり、小刃角（第3切削）は27度で平刀に比べるとやや大きな小刃角になっています。マイクロビッカース硬さは刃先に比べて多少低く、ＭＨＶ６３０でした。組織はマルテンサイトでした。

小刀の刃角を調べると21度であり、平刀に近い刃角でした。刃の形状が似ていることから刃角も近似したものになったと考えられます。小刃角は30度でした。鋼と軟鉄の接合面は鋼側から炭素の拡散がみられ、パーライト組織になっています。刃先のマイクロビッカース硬さはＭＨＶ７００～８００と幅がありました。

三角刃の刃角は16度と小さく、調べた彫刻刀のなかで最も小さな刃角でした。小刃角（第３切削）は大きく35度でした。マイクロビッカース硬さは刃先が平均でＭＨＶ８６４と高い硬さでした。刃元側はＭＨＶ８２０でやや軟化していました。

各種彫刻刀

（小刃）における刃先端部の断面組織とビッカース硬さ

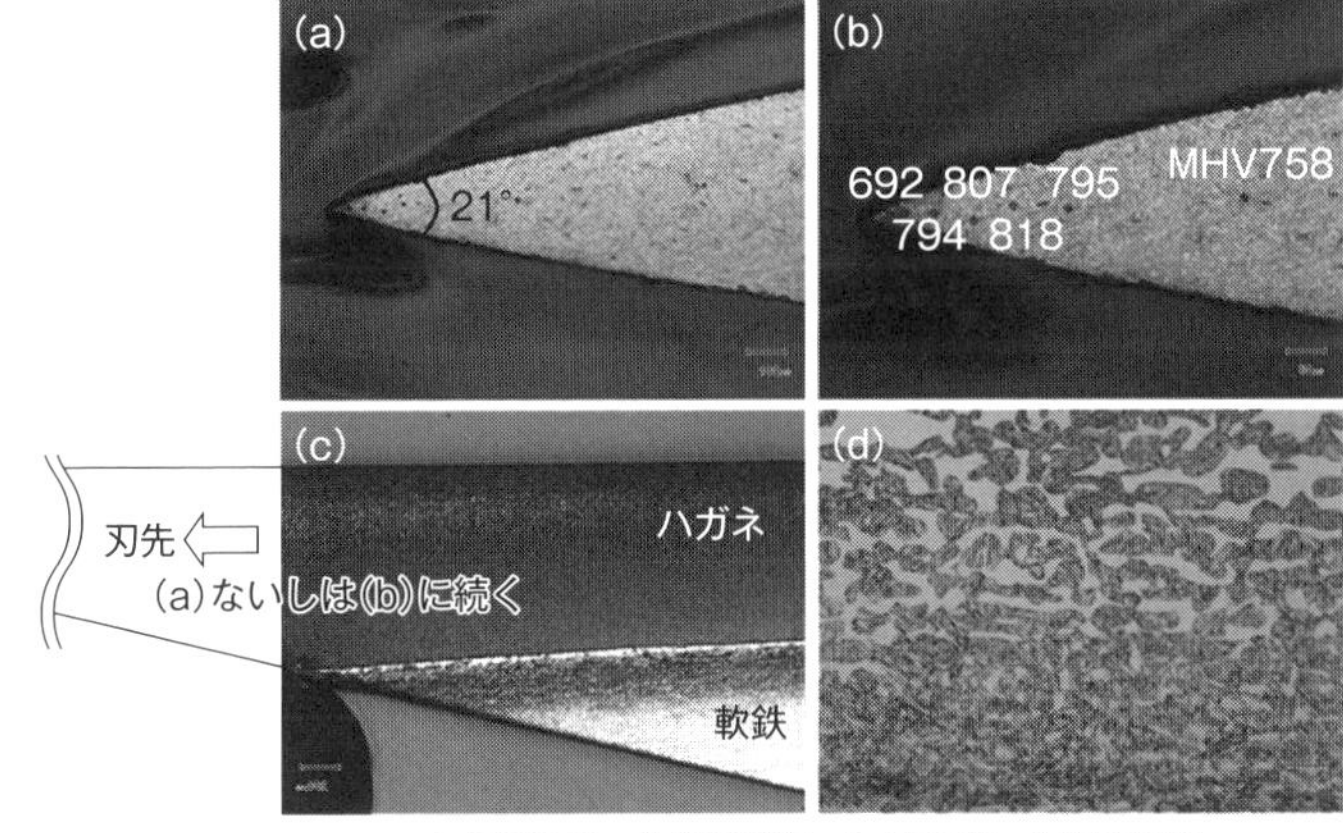

(a)100倍 (b)200倍 (c)50倍 (d)500倍

50 平安時代から進歩してきた木挽きノコギリ

「木挽き」とは、製板用の大型縦挽きノコギリのこと、または大鋸という大きいノコギリのことをいいます。

日本は青銅時代がなく、弥生時代の中期から本格的な鉄器時代に入りました。青銅時代を経ない時代のノコギリはギザギザの石や魚の骨が利用されてきました。その後、小刀やカマのような道具の刃が欠けたものが使われて、それがノコギリになったという説がありま す。

吉川金次氏によれば、大鋸は「使用者2人が対向して、縦挽きする構造のノコギリ」でした。大鋸は大ガガリの略で、ガガリは「カカル」＝「鉤のように引っかかる」という言葉から生まれたと説明されています。

左頁の写真は竹中大工道具館に所蔵されている「衣食住之内家職幼絵解之図」にみられる大鋸です。明治の初めに文部省が発行した子ども向けの教材にある錦絵です。大きな巨木を大鋸で挽いている姿ですが、実に写実的で、今にも動き出しそうです。大鋸の図は葛飾北斎の『富嶽三十六景』「遠江山中」など、多くの木版画で見ることができます。

木挽きという職業ができたのは室町時代からだといわれています。それまで日本には横挽き用のノコギリしかありませんでした。つまり、木の繊維に対して直角にしか挽くことができないノコギリです。想像するのはマサカリや斧を使って割り、その表面を手斧や槍カンナで削ってきれいにしていました。室町中期になると、中国から縦挽きノコギリが伝わって繊維と平行に挽くことが可能になったのです。大鋸が伝えられてからは、日本の製材技術が大きく進歩しました。

木挽きノコギリは、上刃（背）と裏刃（下刃）の角度を「切れ刃角（単に刃角）」、刃先を連ねる線と裏刃

木版画「衣食住之内家職幼絵解之図」（右：部分拡大図）

（公財）竹中大工道具館・所蔵

木挽きノコギリ

水谷裕一氏：提供

木挽きノコギリにおける刃先組織とマイクロビッカース硬さ

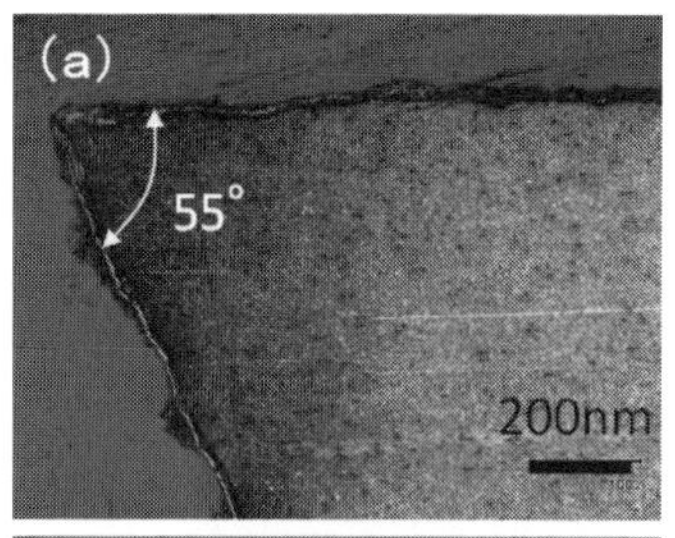

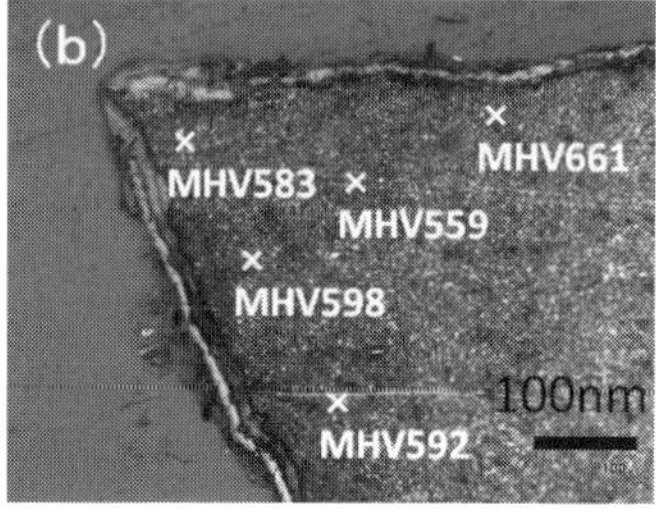

横挽きと縦挽きの名称と刃角例

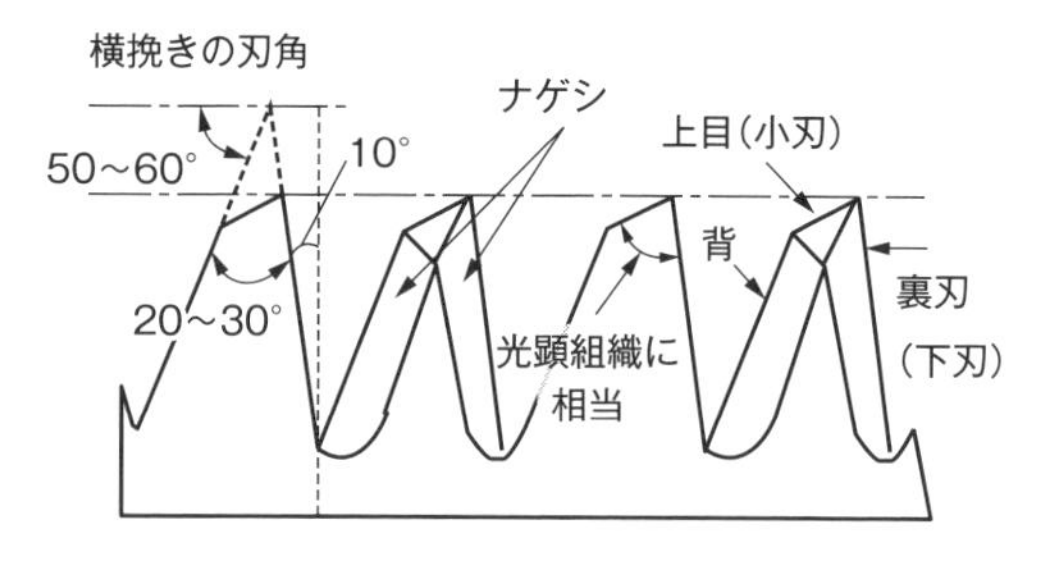

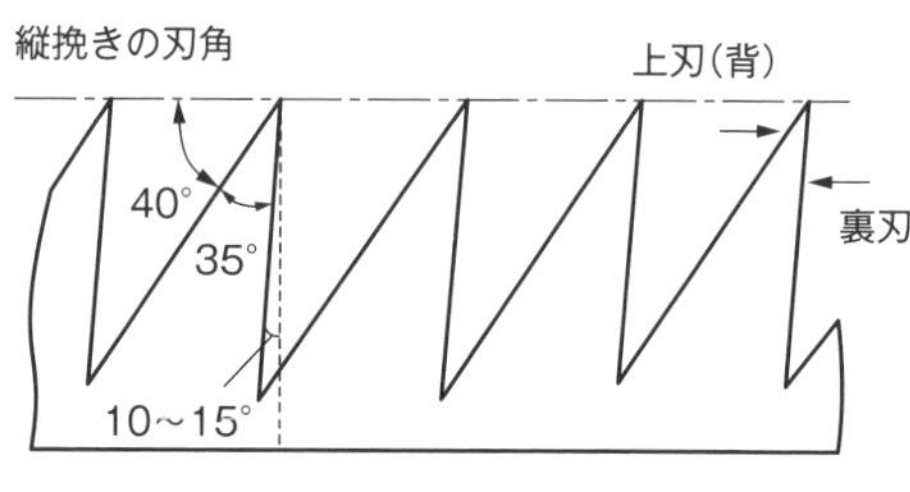

の角度を「切削角」と呼んでいます。横挽き用の切れ刃角（たとえば20～30度）および切削角は鋭角（たとえば10度以下）であるため、切れ味が抜群です。上刃と裏刃の間には木の繊維を切断するために、ナゲシ（交互に向き合っていて、切刃があり先端が削られている）の歯が並んでいます。ナゲシの先端には上目あるいは小刃があります。ノコギリで最も重要な要素が裏刃（下刃）とナゲシの角度といわれています。

また、アサリ（ノコギリの刃を交互に外側に曲げている）も適宜な角度で加工されています。このことによってノコギリの厚み以上で木材を切断することができますが、ノコギリと木材の接触による抵抗を小さくでき、木くずも外に排出しやすくなります。アサリがないとノコギリの身幅と引き溝幅が同じになるために摩擦が大きくなります。縦挽き用の切削角は10～15度、切れ刃角が30～50度になっています。

木挽きノコギリの小刃角に相当する角度は55度で、刃先のマイクロビッカース硬さはＭＨＶ５８３で、平均としてＭＨＶ６００前後でした。材質は分析していませんが、ＳＫ材相当であると考えられます。

51 革を切るための専用裁ち包丁

「秀次」は、高知県の土佐山田に工場を構えている穂岐山刃物㈱によって作られている革裁ち包丁です。穂岐山刃物は1919年に創業され、さまざまな刃物を80年以上の歴史のなかで製造してきました。

土佐刃物は日本刀鍛冶を起源とする伝統産業として500年の歴史をもっています。継承された鍛造や熱処理技術によって生み出された製品は優れた刃物として要求される条件を満たしており、すばらしい切れ味と耐久性があります。2007年には「土佐打刃物」が地域ブランドとして、特許庁より承認されました。革切りとか革裁ち包丁と呼ばれている刃物もそのうちの一つです。

「秀次」の裁ち包丁の化学組成は青紙1号（1・2C－0・4Cr－1・75W－Fe）と軟鉄が着鋼されていますから切れ味は良好です。刃の研ぎやすさを左右す

革裁ち包丁（穂岐山刃物）の表裏

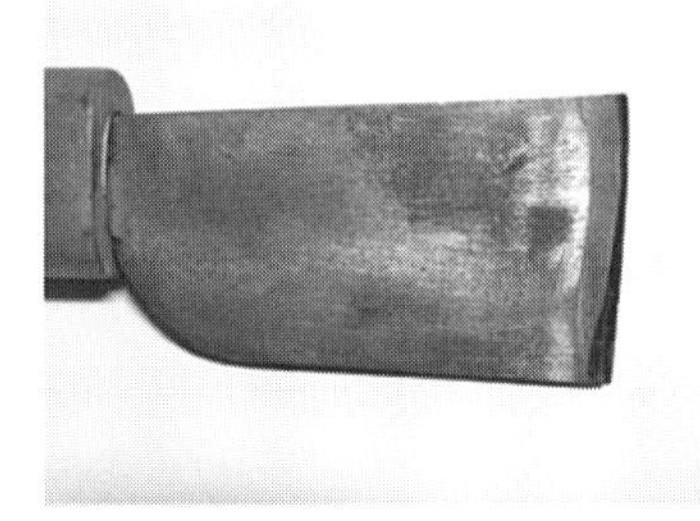

革切り包丁の使い方

裁断するポイントは角度が重要で、奥に倒して手前に引き、刃先で切る。

革裁ち包丁の刃先部の金属組織

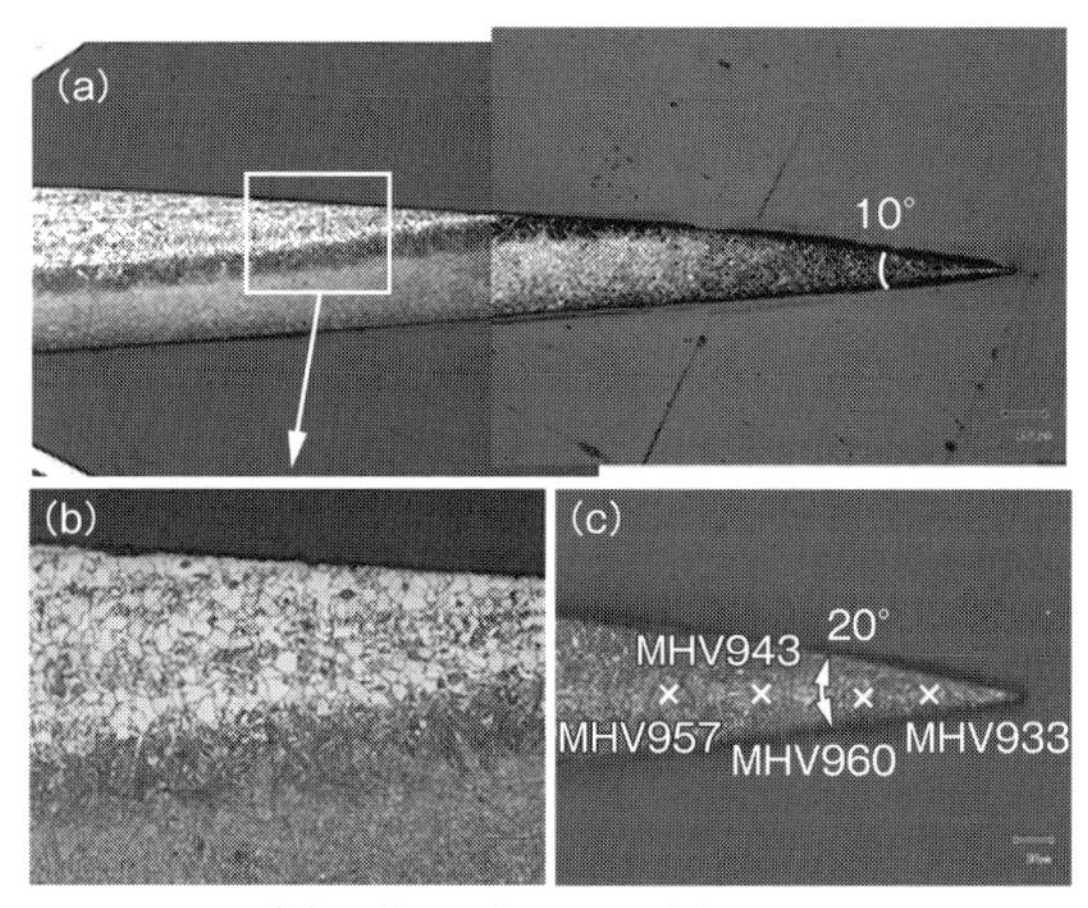

(a)50倍　(b)200倍　(c)500倍

るのは、軟鉄との着鋼具合にも影響されていることを知る人は少ないようです。金属組織は硬いマルテンサイトです。革裁ち包丁の先端刃角は鋭利です。しかしカミソリのように鋭利すぎると、逆に刃が欠けてしまいます。切り取った残皮を刃先でかき出したりすれば、どんな刃物でも、刃先が欠けてしまいます。

刃先を調べた結果、革裁ち包丁は典型的な片刃であり、刃角（刃先角度＝第2切削）は鋭利な10度でした。小刃角は20度とわずかに鈍角にされています。これまで調べてきたなかでは薄刃カミソリと同じ小刃角で、きわめて鋭利な刃物でした。よく切れると考えられがちな医療用メスでさえも小刃角は35度であったことを考えれば、極めて鋭利です。軟鉄と鋼（青紙1号）の界面には、炭素の拡散領域がきれいに観察されました。また軟鉄域にはわずかなパーライト組織が観察されました。パーライト量から炭素量は0・1％以下であると推測しました。刃先のビッカース硬さはMHV933～960あるので、長切れする刃物といえます。

また刃先部の金属組織にはセメンタイト（Fe_3C）が白い粒子として観察されます。セメンタイト中にタングステン（W）が固溶しますから（FeW）$_3$C、Fe_3W_3Cなどを生成し、炭化物が大きくなるのを抑制して微細分散させる効果があります。タングステンカーバイドが大きくなってしまうのは950℃付近で長時間加熱した場合です。鋼にカーバイドが生じてしまった場合は、比較的高温の1050～1100℃で加熱することによってオーステナイト中にタングステンカーバイドを固溶させて解消することができます。

余談ですが著者の実父は仕立屋でした。小学生のとき、布を切断する大きな裁ちハサミで紙を切っていたところ、大声で「何を切っている……」と怒鳴られた記憶があります。このときはなぜ怒られたのかわからずにいましたが、今になって考えると、「紙の繊維は布よりも硬い」ために紙を切っていると布が切れなくなってしまうのです。これと同じようなことが革裁ち包丁でも生じます。軟らかいモノと硬いモノを交互に1つの刃物で切っていると、切れなくなってしまうのです。このためには2つの刃物を準備しておくことが大切です。ハサミの場合、布のような軟らかいモノは切れ味が悪くなると刃から逃げてしまうのです。

52 鉛筆を削る文具として発展した肥後守ナイフ

「肥後守」は、単純な構造のため安価に製造でき、ほとんど壊れることがないため長く使用できる文具ナイフとして汎用的に使われてきました。1950年代後半頃から鉛筆を削る文房具の一つとして子どもに行きわたりましたが、鉛筆を穴に差し込んで回すだけで簡単に鉛筆が削られるタイプや、カッターナイフ（当時はボーンナイフと呼ばれていました）の普及に加えて、全国に拡がった「刃物を持たない運動」などによって姿を消していきました。その反面、刃物を持たないと本当の刃物の危険はわからない……などの意見が噴出した背景もあって、一部の学校では扱い方の学習のために全校生徒に肥後守を持たせて、鉛筆を削るときに使用することを奨励している小学校もあります。

全盛期の1960年代、兵庫県三木市には肥後守を製造する鍛冶屋が多数ありました。三木市立金物資料館には、同市でかつて製造されていた肥後守ナイフが多く展示されています。つまり肥後守とは、日本で戦前から使われていた簡易折りたたみ式刃物のことを指しています。登録商標でもあり特定の製品の名称でもありましたが、組合員である製造業者が減り、現在では数社の工場だけがこの名称を使用しています。現在では数千円から1万円以上の価格で販売されているナイフもあります。

今回調査したナイフは三木市にある㈱イトーの製品です。ナイフが入っていたケースには「名匠鍛錬の肥後守ナイフは秘伝焼入れで、折りたたみ式、薄刃で2段研ぎなので物を削るときに喰い込まない」とありました。ブレードはSK材をプレス加工で打ち抜いて加工していました。なかには青紙や黄紙などを割り込んだ利器材を用いた高級品もあります。この形状のナイフの製造が始まったのは１８９０年代でした。

刃のほぼ中心から2段刃になっている特徴的な刃付けです。刃先角度は約20度、小刃角は55度でした。刃先は典型的なマルテンサイト組織です。ビッカース硬さは非常に硬くＭＨＶ１３００以上でした。硬さに関しては申し分のないナイフでしたが、焼入れしたままの状態でサブゼロ処理がなされていないために、靭性については多少低いかもしれません。刃元の組織は、刃先角度は21度で、小刃角は50度でした。小刃の方向は刃先と逆方向につけられていましたが、意図的であるか、偶然であるかはわかりませんでした。ビッカース硬さは刃先と同じＭＨＶ１０００～１３００の硬さがありました。

肥後守ナイフ

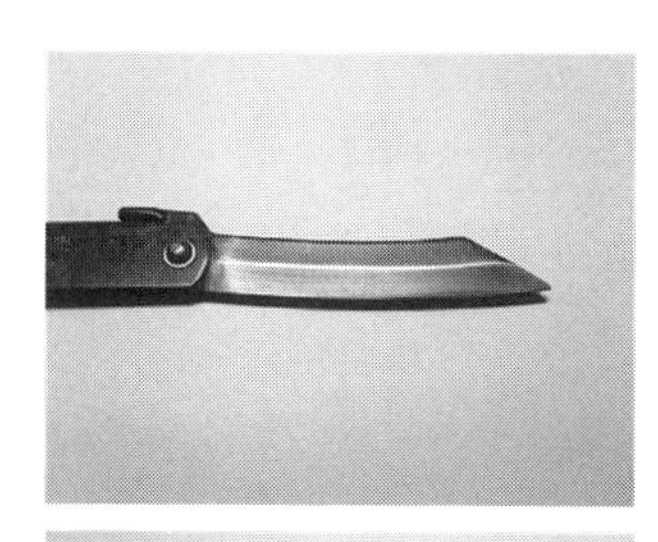

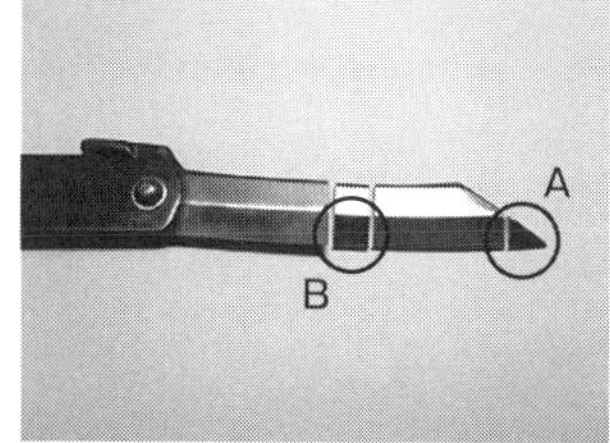

肥後守ナイフの刃先部の金属組織

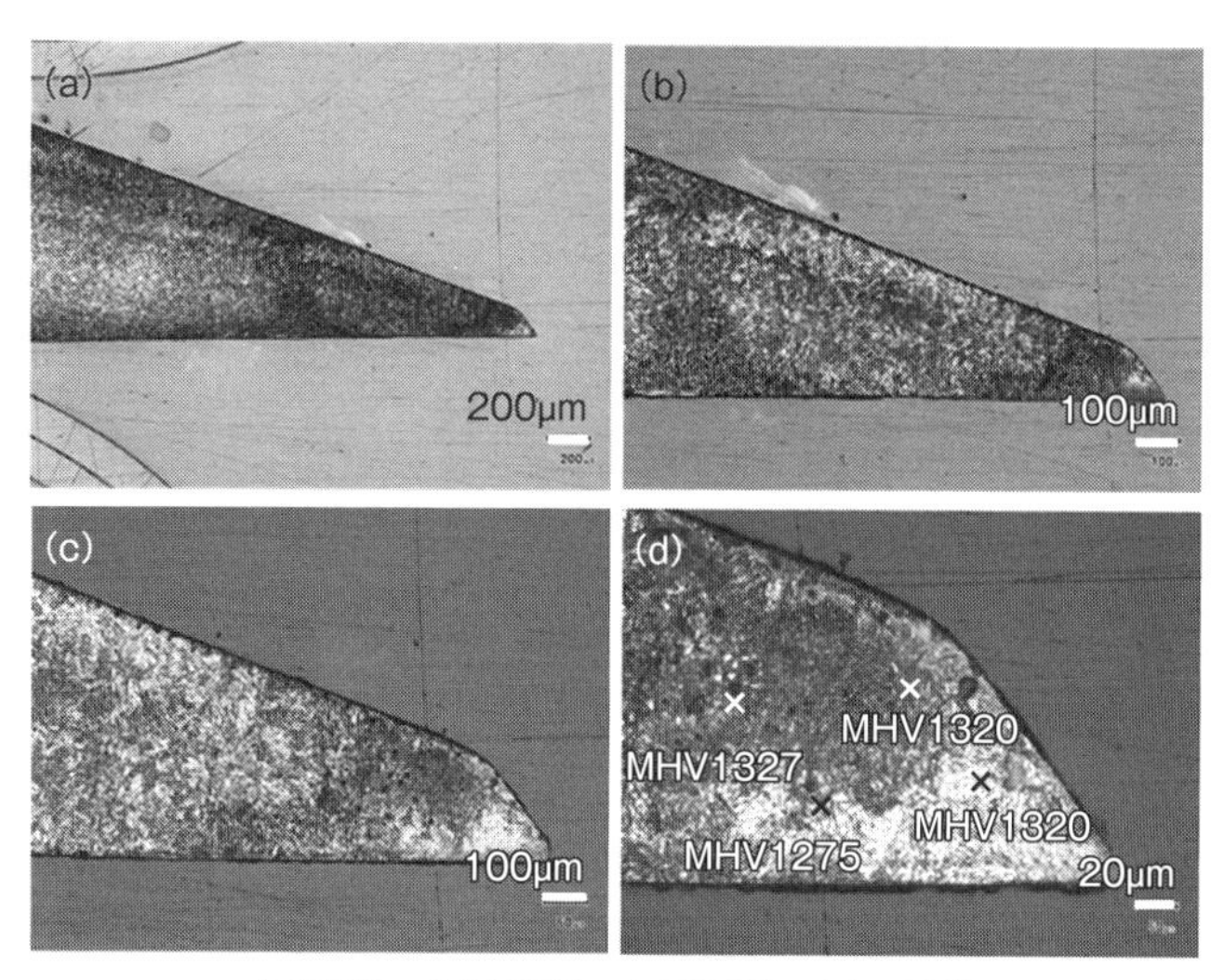

(a)50倍　(b)100倍　(c)200倍　(d)500倍

53 苦労の末の折る刃物語

ポキッと刃を折って常に素晴らしい切れ味が維持できるカッターナイフがあります。世界中で使われているナイフですが、どのようにして誕生し普及してきたのでしょうか。

大阪で紙の断裁業を家業としてきた岡田良男氏は、戦後の混乱期、小さな印刷会社に就職しました。当時の印刷所の現場では紙を切るのにナイフ、カミソリの刃などが多く使われていました。当時の日本製のナイフは、すぐに切れなくなってしまう粗悪な製品が多かったのです。カミソリの刃を使い捨てにしては「もったいない」と感じていました。良男氏は仕事上、経済的で使いやすいナイフができないものかと考え続けていました。「昔の職人は割ったガラスの破片でモノを切っていた。しかしガラスの破片は割れやすい。進駐軍からもらった板チョコは切り込みがあって割りやすかった」ことに気づいたのです。ここから逆転の発想が膨らんでいきました。

良男氏は折ることによって、切れなくなった刃の替刃式のアイデアを思いついたのです。刃のサイズ、折れ線の角度、溝の深さについて検討しました。ナイフの形、折りたたみ式よりスライド式にすることを決めました。

1956年、さまざまな問題点を解決し、世界で初めての折る刃式のカッターナイフが完成しました。しかし、ここからが苦労の連続でした。

売行きは順調でしたが、1967年、協力会社との経営方針の違いから袂を分かち、兄弟4人で岡田工業を設立しました。これを機会にブランド名を「オルハ（OLHA）」にしました。「折る刃」からのイメージです。しかし海外ではHを発音しない国もあるので、

OLFA（オルファ）になりました。1984年に正式社名をオルファ㈱に変更し、設立され、現在では海外100カ国以上に輸出するトップメーカーになっています。商品も100種以上を数えています。現在ではOLFAの替刃のサイズ、折れ線の角度が、世界の

オルファナイフ

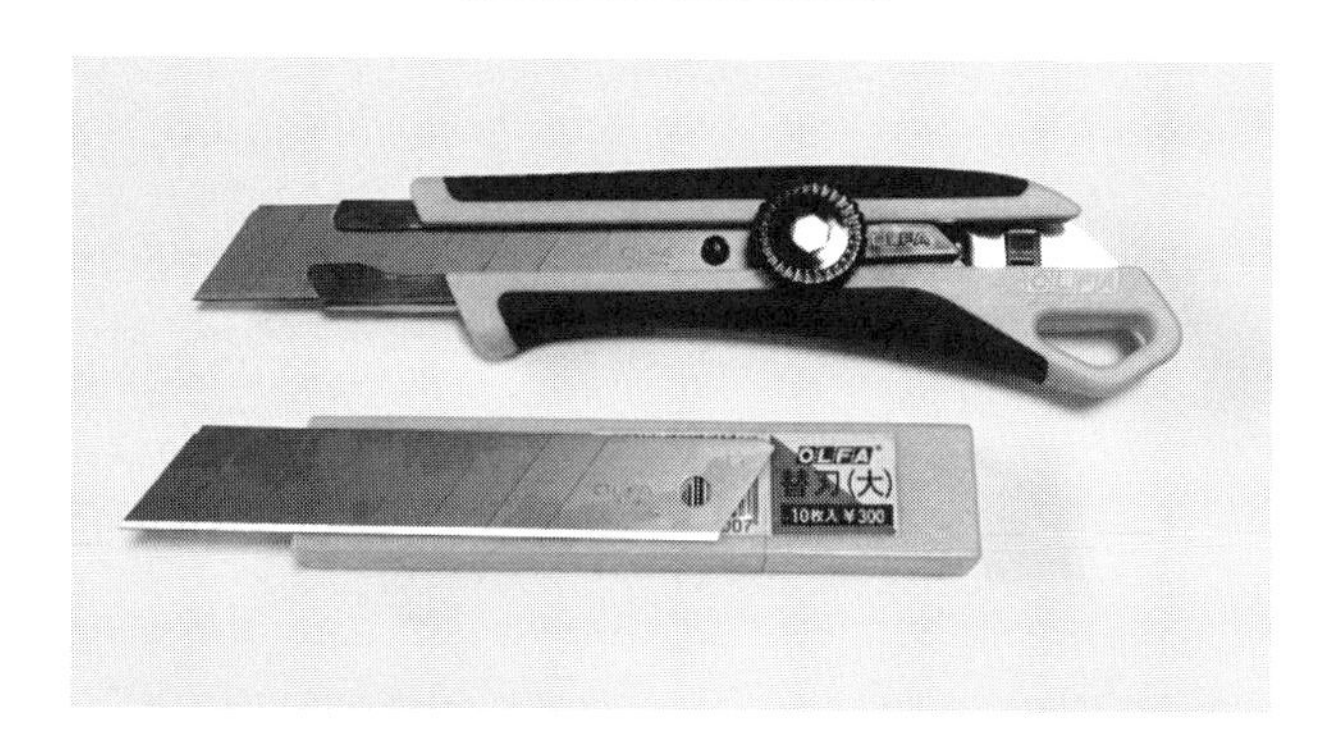

オルファナイフの中央部の刃元角度と光顕組織

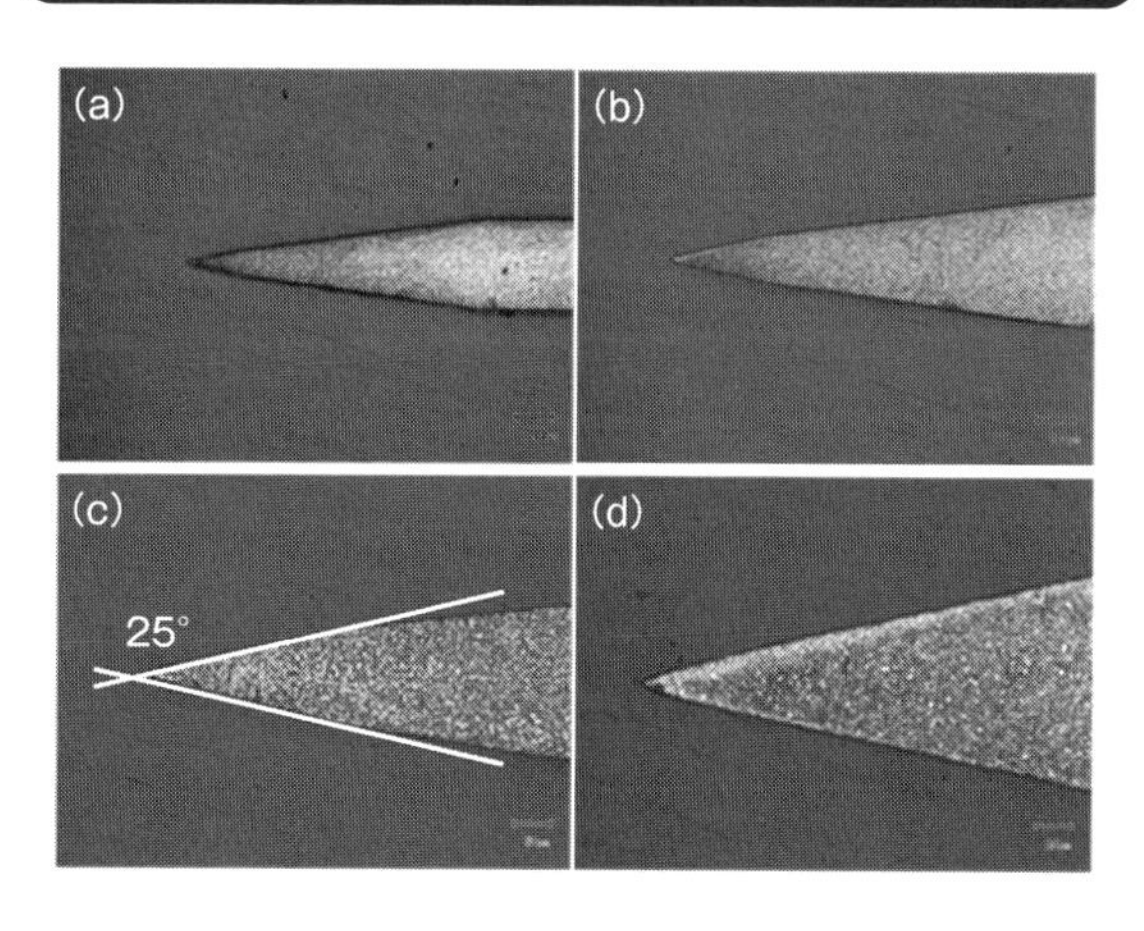

オルファナイフと他メーカーの折れ線幅と溝の深さを比較

(a)、(b)オルファナイフ(100倍)　(c)、(d)他メーカーナイフ(100倍)

標準になっているといいます。

オルファナイフの中央部の刃角は、小刃角（第3切削）は25〜27度、刃先角度（第2切削）は13度でした。ストレート刃（直刃）ではなく小刃にすることによって強度の高い刃物にしています。

オルファナイフのもっとも特徴的な部分が、刃の折れ線の角度と溝の深さです。それはナイフの硬さに依存します。刃が軟らかいと、延性があって曲がるだけで折れません。刃が硬すぎると、折れやすいが危険です。このために刃の硬さ、折れ線の角度や溝の深さが検討されてきました。

そこでオルファナイフと他メーカーの折れ線角度と溝の深さを比較しました。この結果、オルファナイフの折れ線角度は刃面に対して60度、溝の深さ（平面からの垂直深さ）は表面から約0・36㎜、幅は約0・16㎜でした。他メーカー製品の折れ線角度もほとんど同じ60度で、溝の幅はやや小さく0・1㎜、溝の深さは約0・2㎜でした。この結果、オルファ製品の溝幅が1・6倍、深さも約1・6倍もあり、折れやすい製品といえます。

第8章

機械工業を支える産業用刃物

54 金属を「削る」産業用刃物

これまでは刃物やナイフで切ることだけをお話してきました。切る対象は比較的軟らかいモノでした。「切る」とは、硬い刃物でスライスしたり皮をむいたりすることで、切り離したモノは再び元の状態に復元できます。たとえばリンゴのむいた皮は、うまくすればむいたことがわからないように巻きつけて復元することができます。

この章では機械工業製品や金型などの硬いモノが対象です。「削った」場合は、削ったモノは変形やチッピングしてしまうので復元することはできません。削る場合は、変形に伴い大きな熱を発生します。この熱はエネルギー損失ですから、できるだけ熱を発生させないで「削る」ように切削しなければなりません。特に産業用刃物は摩擦係数を減らすため切削するときには材料に切削油をかけるので煙がモーモーと出ます。これが熱損失です。熱の発生が多いほど刃物摩耗が大きいといえます。

私たちが身近で見る工業製品を作る切削工具はバイトやフライス工具やドリルがほとんどです。

切削工具など耐摩耗性を重視する部材には高硬度鋼工具鋼（ハイス）が使われています。切削工具の条件は硬いだけではなく、適度な靭性がなければなりません。このためには刃物を焼入れ処理してマルテンサイト組織にした後、適温で焼もどしたマルテンサイト組織にします。さらに高硬度の工具にするには、焼もどしマルテンサイトのなかに硬質の炭化物を分散させた工具が利用されています。硬質なものとしては合金炭化物も利用されています。

セメンタイトの硬さはおよそHV1100～1500程度ですが、モリブデン炭化物ですとHV2000

～2500の硬さ、チタンのハイブリッド包丁で紹介したシリコンカーバイドが添加されていれば、HV3500にもなります。なお図中のMとはMetalの頭文字をとったもので、炭素とクロム、モリブデン、タングステンなどの合金元素が複合化された炭化物です。

ハイスの製法には溶解法と粉末冶金法があります。溶解法によって製造されたものを「溶解ハイス」と呼び、粉末冶金法で製造したものを「粉末ハイス」と呼んでいます。両者を比較すると、粉末ハイスは靱性が高く、耐衝撃特性に優れています。高強度鋼ほど結晶粒界で破壊する傾向にありますから、結晶粒径あるいは炭化物が小さいほど刃先を鋭利にできる特長があります。

鋼中に存在する炭化物硬さ

SiC
TiC
MC
WC
Al2O3
M7C3
Mo2C
M6C
M23C6
Fe3C
高速度工具鋼
0　1000　2000　3000　4000
素材中に存在する炭化物硬さ（HV）

結晶粒径の大小が及ぼす刃先先端の鋭利さ

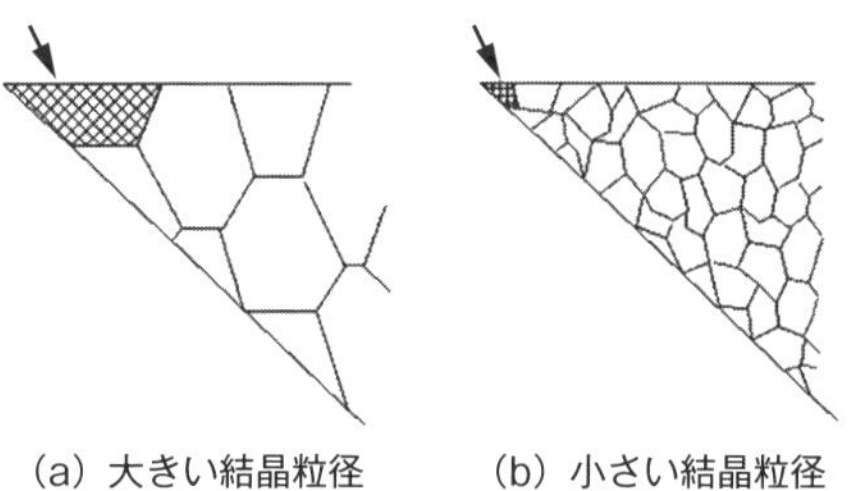

(a) 大きい結晶粒径　(b) 小さい結晶粒径

55 旋盤加工に使われるバイト工具

旋盤加工に用いられるバイト工具には高速度工具鋼が用いられています。高速度工具鋼はグラインダーによって任意の形状に容易に再加工することができるのが特長です。

高速度工具鋼はタングステンハイス（JIS SKH2～10）とモリブデンハイス（SKH40～59）に分類されています。ちなみに「ハイス」とはhigh speed steelの略です。タングステンは素材価格が高いので、似ている特性をもつモリブデンを添加してタングステン量を大幅に減らすことに成功しました。このように最近ではタングステンハイスよりも、靭性に優れたモリブデンハイスが多く使われています。

切削工具は優秀な切れ味と靭性、および長切れすることが大切です。このためには、リン、硫黄、その他の不純物元素を少なくすることが大事です。錆びない条件としては13％以上のクロムの添加が必要です。

粉末合金法によって製造された特殊合金鋼ZDP189は、粉末ハイス鋼でつくられた日立金属㈱の粉末合金刃です。硬さが優先されているので「研ぐ」のが難しいとまで言われているので刃物として隠れた評価があります。化学組成は約3％C-20％Cr-1・4％Mo-0・1％V-0・6％W-0・5％Mn鋼です。なお、適正に熱処理された場合でも取扱いによっては刃欠けや刃折れを生じる事例があります。実用硬さはHRC64～68（ビッカース硬さ800～940）もあります。成分を見ればわかりますが、炭素を3％も含む合金ですから非常に硬く、耐久性があり、切れ味が長持ちできる極微細炭化物が構成されています。

ATS-34を超える刃物として開発された特殊合金鋼のZDP-189は、製造法がまったく異なりま

各種の高速度工具鋼バイト

特殊合金ZDP189の光顕組織

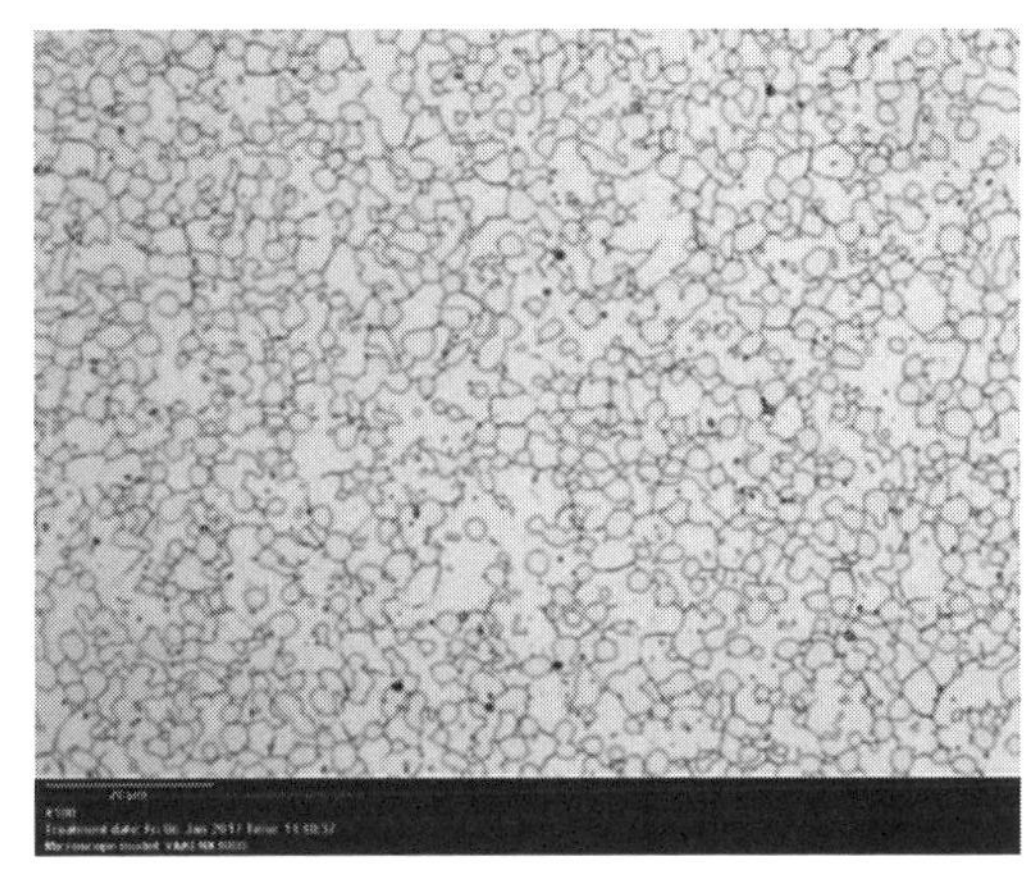

日立金属(株)提供

すが現在では驚異の耐摩耗性を実現させ、研ぎやすいという仕上がりを達成した最高クラスのハイスです。難点は高価であることでしょうか。とはいえ、近年は超硬合金などを銅ロウや銀ロウでシャンクといわれる工具柄部に接合して用いられています。

超硬合金は炭化タングステン、炭化チタンおよび炭化タンタルなどの炭化物を鉄、コバルト、ニッケルなどの鉄系金属で焼結した複合材料をいいます。最も機械的特性が優れるものは炭化タングステン–コバルト系合金です。代表的な超硬合金がHAP40です。超硬合金工具は硬度が非常に高く、ハイス工具に比べて高速切削加工ができます。現場の技術者からは、ハイス工具で加工した製品づくりが25分であれば超硬工具を使えばわずか5分で加工できると紹介されました。

これ以外では炭化タングステン–炭化チタン–コバルト系合金、炭化タングステン–炭化タンタル–コバルト系合金があります。

HAP40は日立金属㈱製で、実用硬度HRC62〜65(ビッカース硬さ746〜832)で構成されています。非常に硬い組成の鋼材で、刃物寿命は驚くほど長いといわれています。HAP40の化学組成としては、1・35%炭素–4・5%クロム–5%モリブデン–3%バナジウム–6%タングステン–8%コバルトなどがあります。

サーメットはチタンベースの硬い粒子で構成された合金です。サーメットという名称はセラミックとメタルという言葉を組合せたものです。炭化チタンとニッケルの複合材料でしたが、現行のサーメットはニッケルが含まれていません。コア粒子が炭窒化チタンで、第2硬質層がチタン、ニオブ炭窒化タングステンと、タングステンが豊富なコバルト結合材で構成されています。炭窒化タングステンで耐摩耗性を付加し、第2硬質層で耐塑性変形性を強化し、コバルトの量で靭性を調整しています。

超硬合金と比較してサーメットは耐摩耗性に優れ、溶着が発生しにくい材種です。圧縮強さと耐熱衝撃性には弱い材種ですが、サーメットは耐摩耗性を高めるためにPVDコーティングされています。

超硬合金チップ

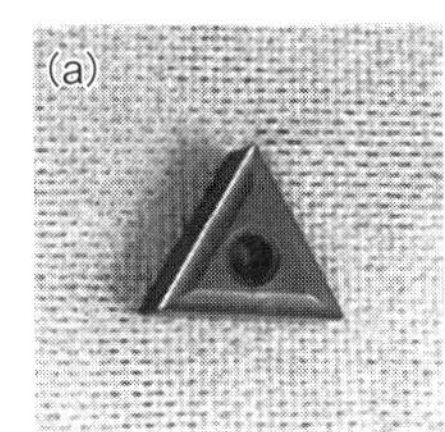

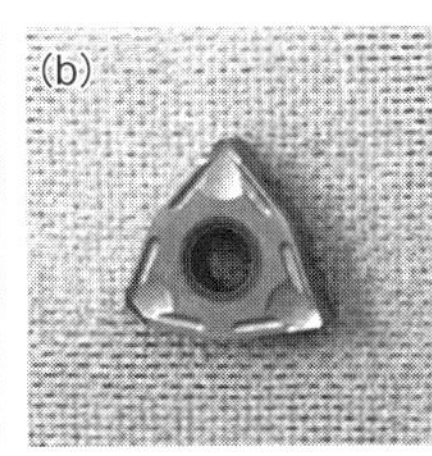

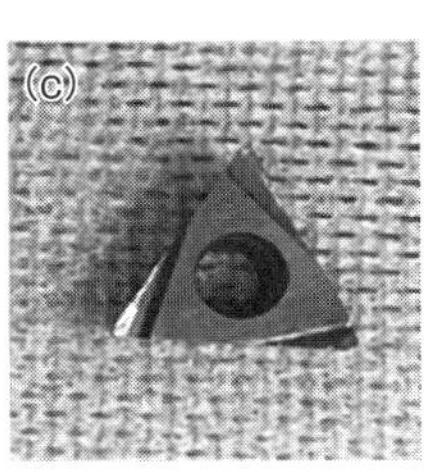

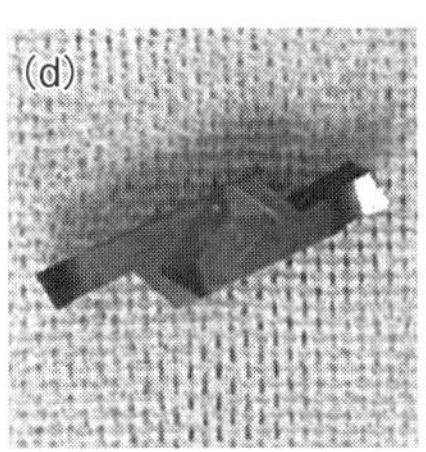

(a)三菱UT120T　(b)タンガロイGH330　(c)タンガロイUX30　(d)京セラKC402

シャンクに取り付けられた各種の超硬合金チップ

超硬合金HAP40の光顕組織

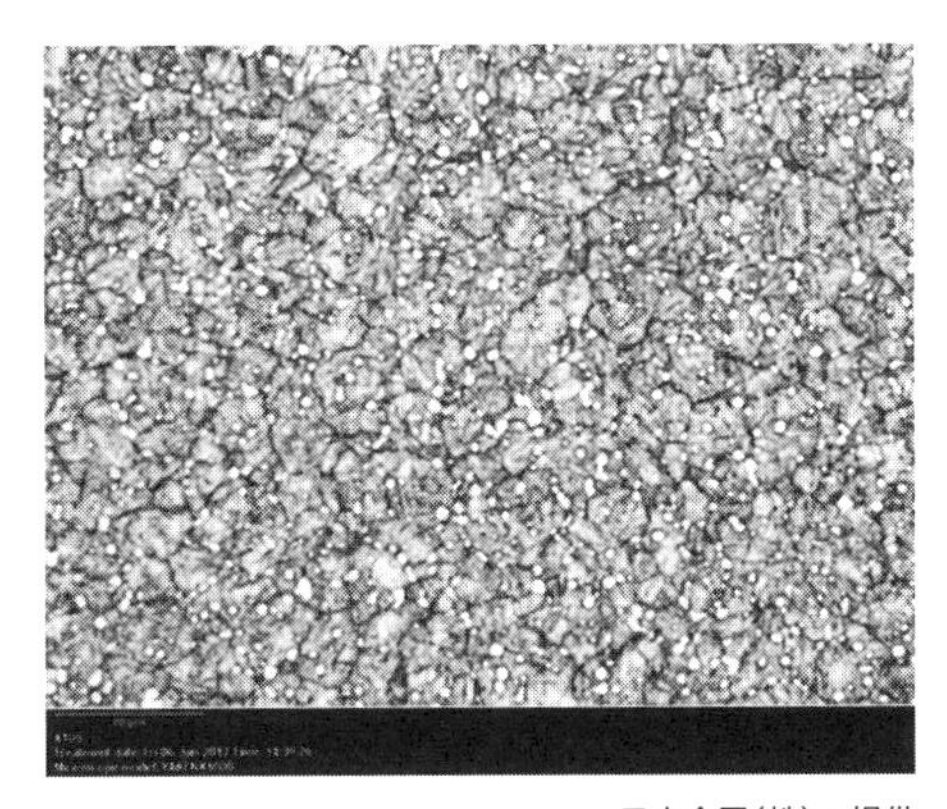

日立金属(株)：提供

56 旋盤加工とフライス加工の違い

旋盤加工とフライス加工の違いはどこにあるのでしょうか。

旋盤は切削する工作物（モノ）が回転してバイトなどの刃物によって切削します。つまり、削りたい工作物を回転させて、その材料よりも硬い材質の刃物によって目的の形に削っていきますから、工作物は円柱が中心になります。

これに対してフライス加工は多刃の刃物を回転させて、テーブルに固定した工作物を削るという違いがあります。したがって、削る対象の材料は回転させません。特にフライス加工の場合、回転する刃物の位置は固定されていて工作物が移動するので平面の工作が中心になります。

ボール盤とフライス盤の形は似ていますが、ボール盤の刃物は上下1軸しか動かないのに対し、フライス盤は前後左右、そして上下3軸すべての方向に移動ができ、精密さが求められます。さらにフライス盤は大きな剛性が求められます。

フライス盤は、英語ではミーリングマシンとかミルと呼ばれます。主軸がベッドに対して水平なものが「横フライス盤」です。ベッドの上に工作物を固定するテーブルを置いて、回転する平フライスに対してテーブルを往復させて面削りを行います。垂直な「立てフライス盤」があります。主軸はベッドに対して垂直方向にあり、正面フライスを用いて切削を行い、エンドミルを取り付けて溝加工や側面加工を行うこともできます。このように多種の加工が行えるため、フライス盤もまた機械加工の分野では広く用いられています。

フライス盤に似た加工機にマシニングセンターがあります。フライス加工、中ぐり、穴あけなどが複雑な工作物の加工が1回の取付けで行われます。マシニングセンターは目的とする工程に合わせて多くの種類の工具を内蔵しています。たとえば、工程順に工具を自動で取り換えられる高性能ツールチェンジャーが装備されています。マシニングセンター加工は、数値制御による高精度で多種多様な加工が1台で可能となるため多品種少量の生産に対応できます。

　ではフライス加工に使われる工具は、どのようなものでしょうか。

立てフライス盤とフライス工具（矢印）

　ここに示した例は6枚刃と4枚刃の正面フライス工具です。では刃材はどのようなものなのが使われているのでしょうか。前述してきたように、主にハイスやサーメット、超硬合金で作られ刃材が使われています。ｃＢＮ（立方晶窒化ホウ素）や焼結ダイヤモンドを使用したものも使われています。

フライス工具〔6枚刃（左）、4枚刃（右）〕

57 ドリル刃の切れる秘密

ドリルによって穴あけ加工ができるのは、切削加工よって生じた「切りくず」をドリルの脇にあるすきまを通って穴の外まで出る通路（すくい面）があるからです。つまり、被削材を切りくずにする「切れ刃」と、切りくずを通過させて被削材の外に運ぶための「すくい面」があれば穴あけ加工は可能となります。

ドリルの刃先にはチゼルという箇所がありますが、この箇所は切削には何の働きもしませんし、まったく対象物を切削する能力もありません。さらに切れ刃が進んで行くと、チゼルが対象物と接触するようになります。しかし、ドリルの中心には刃がありません。刃がない部分を少なくすれば、切削抵抗は小さくなります。チゼルが大きすぎると抵抗が大きく、下手すると折れるか空回りするので、チゼルの両側からV溝を彫り、中心部でX型にさせて切削抵抗を減らしています。ドリルの刃角は118～130度くらいになるようにします。

他方で、切削抵抗や切りくずの折断状況を含め、切りくず生成状態を解析的に取り扱った研究はそれほど多くはありません。切れ刃形状の変化に伴ってどのように切りくずが変化し、いかなる現象が生じているのかの理論的な検討も進んでいません。さらに切削機構、切削現象に関しても未だ十分に明らかにされていません。

ドリルで鉄材に穴あけをしていると、次第に刃先が摩滅して切れなくなります。「刃が焼けるから切れない、焼きがもどって切れなくなる」ということを聞きます。

確かに、焼入れされた刃が摩擦熱で高温になると、ドリルの先端は焼きが戻って刃が摩耗して潰れてしまいます。しかし、仕事でドリルを使っている匠に言わせると、「そんな原因で刃が切れなくなるわけではない。常に削りくずが出続けていれば刃先が熱くなることはない。少し切れなくなると熱くなって切れ味が悪くなるので、このときに再研磨すればよい。常に切れる状態であれば切削油は必要ない」と言い切ります。近年は、生産性や加工性向上の観点から高能率な穴加工を行うためにドリルのハイス化と超硬合金化、切れ刃形状の改良が進められています。

高速度工具鋼ドリルのメリットは、チッピングしにくい、折れにくい、高速度で加工できることです。一方、超硬合金ドリルは摩耗が小さい（耐摩耗性が高い）、硬いモノが加工できる（高硬度加工）、高切削速度で加工できるなどの特長があります。

ドリル各部の形状と名称

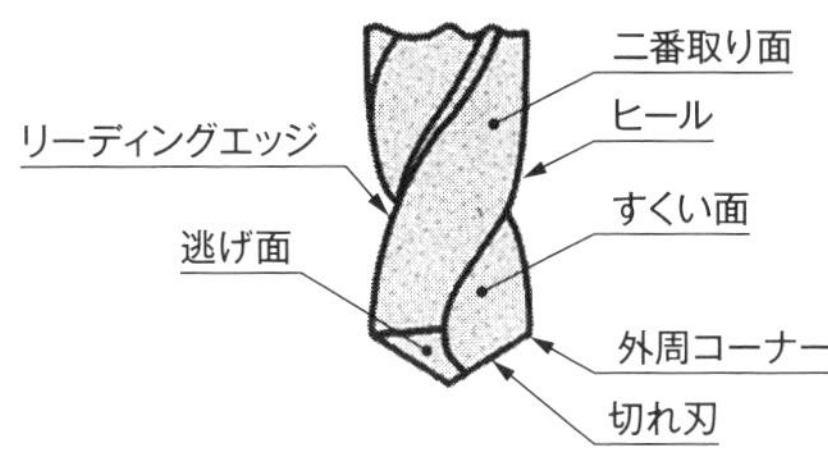

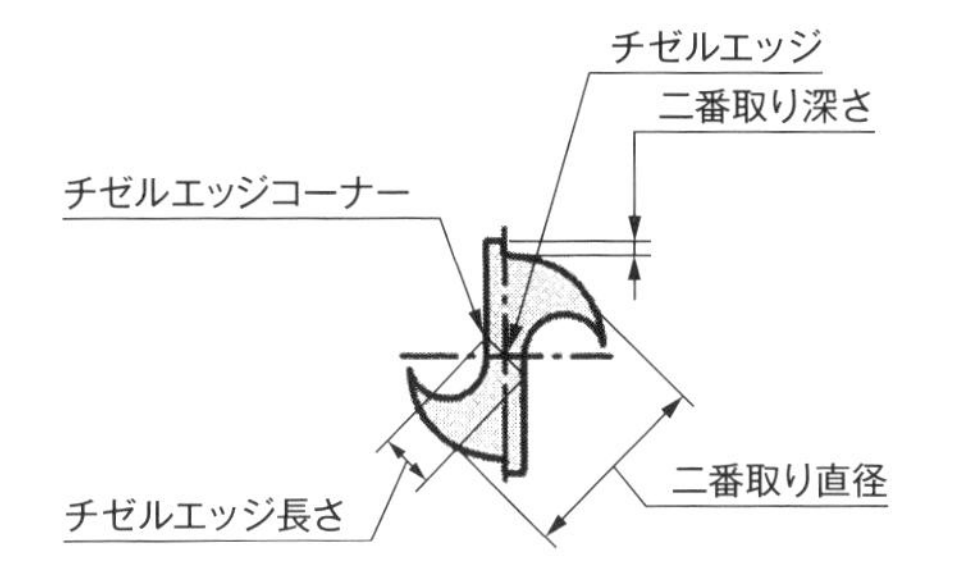

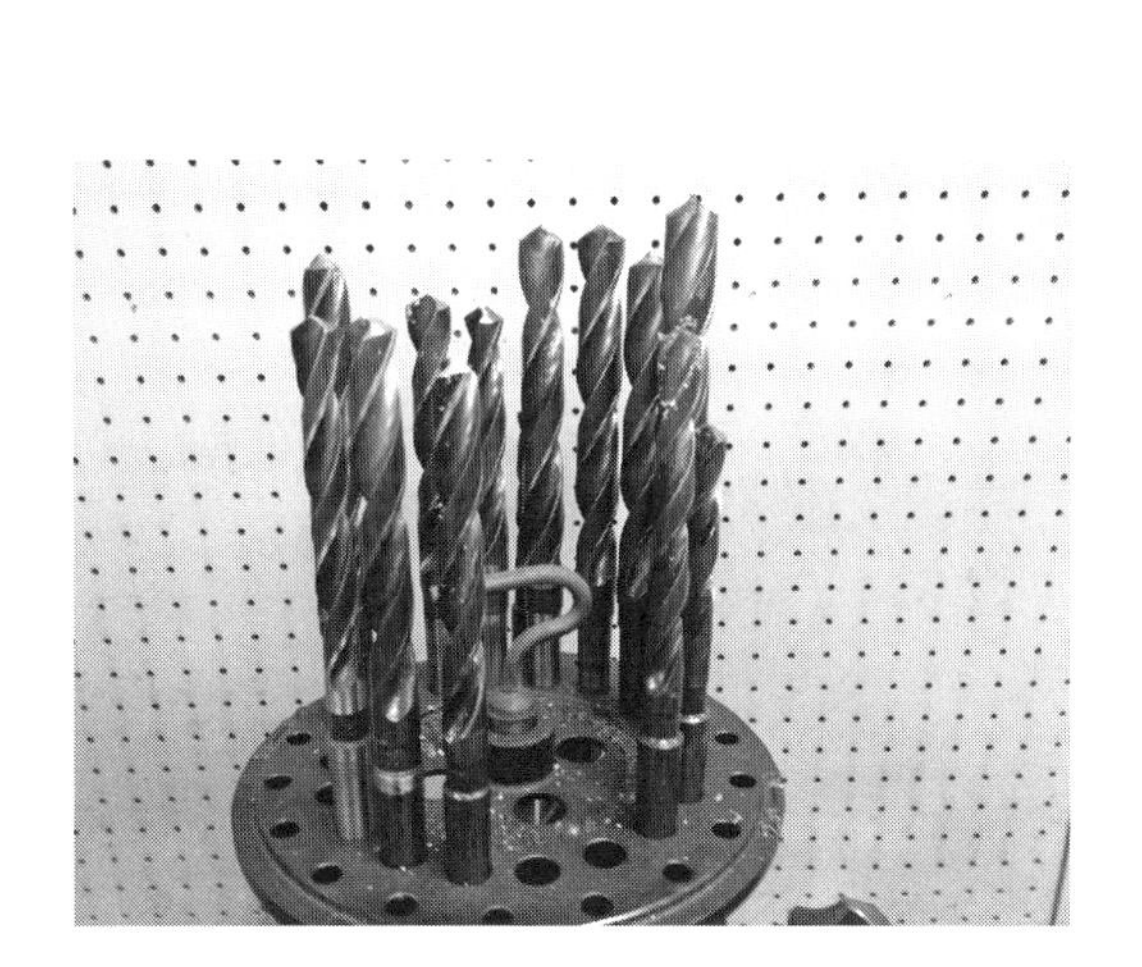

58 切りくずと切削工具の切れ味の関係

切削加工においては「切りくず」の形状は非常に重要です。左頁の写真は代表的な切りくずの一例を示します。ステンレス鋼を切削した場合ですが、すべて切込み量は同じで、送り速度が異なるケースです。

①～③は旋盤に取り付けられたバイトで切削したときの切りくず、④～⑥はドリルによって得られた切りくずを示します。太いドリル、切込み量が大きいほど切りくずの厚みが太くなり、細いドリルやバイトの送り量が小さいほど切りくずも薄く、小さくなることがわかります。

つまり、切りくずは切込み量や送り量、材質によって異なります。特に低速で切削加工したときに切りくずの一部が切削工具先端に堆積した「構成刃先」が切削力や切りくずの形状に大きな影響を与えます。構成刃先は、切削中の工具刃先には5万気圧以上、１２０0℃以上の高温・高圧がかかる場合があると指摘されています。構成刃先ができると、実際の工具刃先で切削しているのではなく、構成刃先で切削していることになります。構成刃先を付着しにくくするには、ロウ付けバイトの場合は、すくい角を30度以上にする、刃先を鋭利にすることなどで解決できます。

このように切りくずは切削速度、工具刃先、すくい角の大きさによって決まります。加工がうまく進まない材料の場合は、切りくずの形状を観察してみると意外なヒントが見つかる場合があります。

アルミニウムや銅などの軟らかい材質では、「むしれ型」といわれる切りくずが生じます。仕上げ面は良くありません。

軟鋼などを高速で切削や研削するときに出てくる「流れ型」の切りくずは、加工中に工具のすくい面を流れるように出てきます。理想的な切りくず状態を作り出し、面粗さも良好に仕上がっています。

「亀裂型」は鋳鉄などでも見られる切りくずです。亀裂が入って切りくずが工作物から剥がれていくので、面粗さは最も悪くなるので、バイトには超硬合金が適用されます。

「せん断型」の切りくずは硬く、粉状です。脆い材料であるガラスやセラミックス、石材、超硬合金などで見られます。切りくずに連続性がありません。切削速度を下げ、すくい角を小さくすると、せん断型の切りくずになります。面粗さは、むしれ型や亀裂型よりは良い仕上がりになります。

せん断角の大小により切りくずの厚さは変化します。せん断角が大きいと薄い切りくずに、小さいと厚い切りくずになります。また、すくい角が大きな切削工具ほどせん断角は大きく、切りくずは薄くなり、切れ味の良い刃物といえます。すくい角が大きすぎると切削時に刃先が破損しやすくなるため、工作物の材質に応じた適切な角度であることが良好な切削条件となります。

バイトとドリルによる各種の切りくず

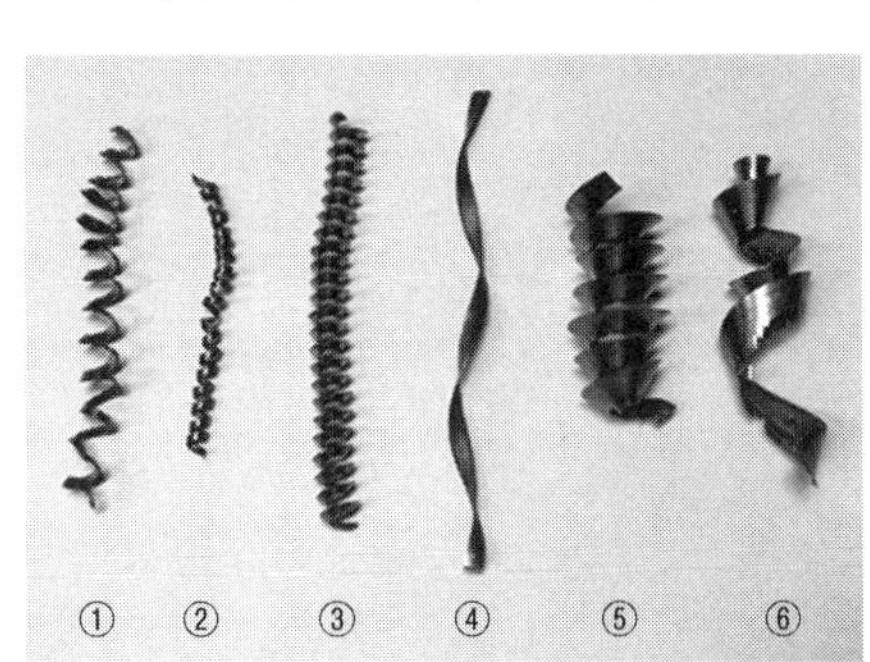

切りくずの形状

流れ型

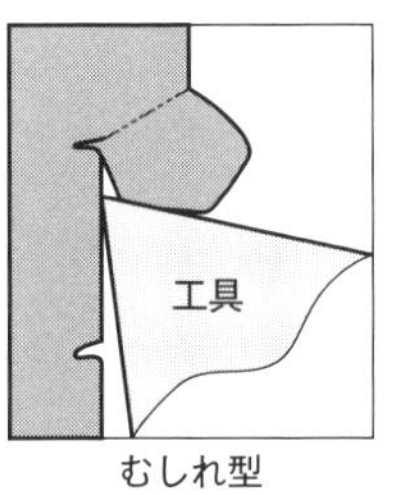

むしれ型

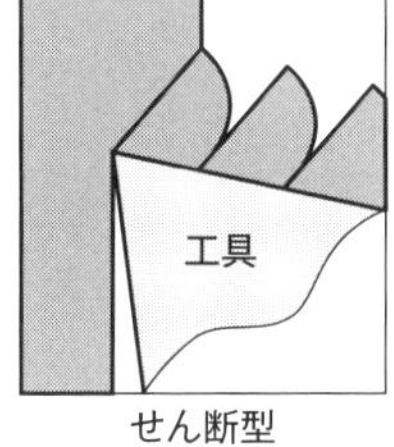

せん断型

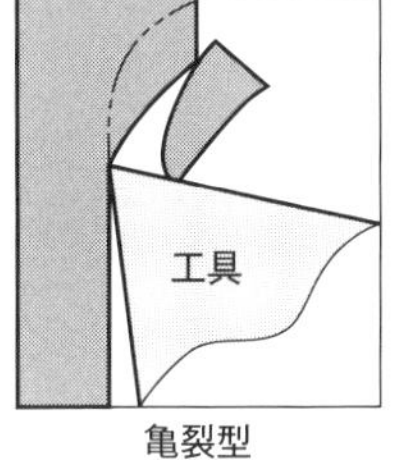

亀裂型

59 金属を金属が切るための金ノコ

金ノコは、名前のとおり金属材料を切断するのに用いられるノコギリです。金ノコ刃とも呼ばれます。材質は主としてSK材（SK3相当鋼）あるいはハイス鋼（機械加工用の高速度工具鋼材）相当が用いられています。ハンディタイプのものとしては、本格的な金ノコやホビー用（趣味用としてを使う道具）のノコギリなど多くがあります。薄鉄板、アルミニウム板、銅板、真鍮板、プラスチックス（アクリル）板などほとんどの材料を切断できます。ノコ盤には、刃を直線・往復運動することによって切断を行うノコ盤や、帯状のノコを回転する帯ノコ盤、丸ノコ刃を回転運動によって切断する丸ノコ盤などがあります。

一般にノコギリは刃数や刃角、アサリなどは切る対象物によって異なります。たとえば、ノコの刃数が少ない方が1つの刃にかかる力が大きくなることは容易に理解できます。このようになると被削材にノコ刃が食い込む量が大きくなります。すると、金ノコを水平方向に動かす大きな力が必要になり、ノコ先がひっかかってスムーズに動かせないことがあります。

この材料への「食い込み現象」は、被削材の硬度が高くなるほど顕著になります。一般には硬いものを切る場合、刃数を多くして刃が食い込む量を小さくして、多くの刃で削ることで安定した切断を実現できます。もちろん、刃の材質や硬さが寿命にも大きく影響します。金ノコ刃の材質は刃先がすぐに摩耗するようでは使い物になりません。マトリックスに炭化物を均一に分散させることによって耐摩耗性を高めることができます。特に球状炭化物を均一に分散された組織が耐摩耗性に優れています。

では、ノコ刃はどのようにして作られるのでしょうか。まず鋼を熱間圧延機で引き延ばしてホットコイルを作ります。鋼片を1250℃まで加熱した後、熱い状態で圧延します。粗圧延～仕上げ圧延で何段階にも圧延し、薄くします。帯状の鋼の長さは2㎞にもなって、ロール状に巻き取られます。次に、ホットコイルを常温で製品の厚さになるまで薄くし、酸洗後にさらに冷延コイルが作られます。金ノコメーカーはホットコイルで作られた帯鋼か、冷延コイルを製鋼メーカーから必要な厚板を購入するか、自前で任意の厚さになるように圧延機で温間加工か、冷間加工で再加工しま

汎用金ノコ（刃幅11.5mm）

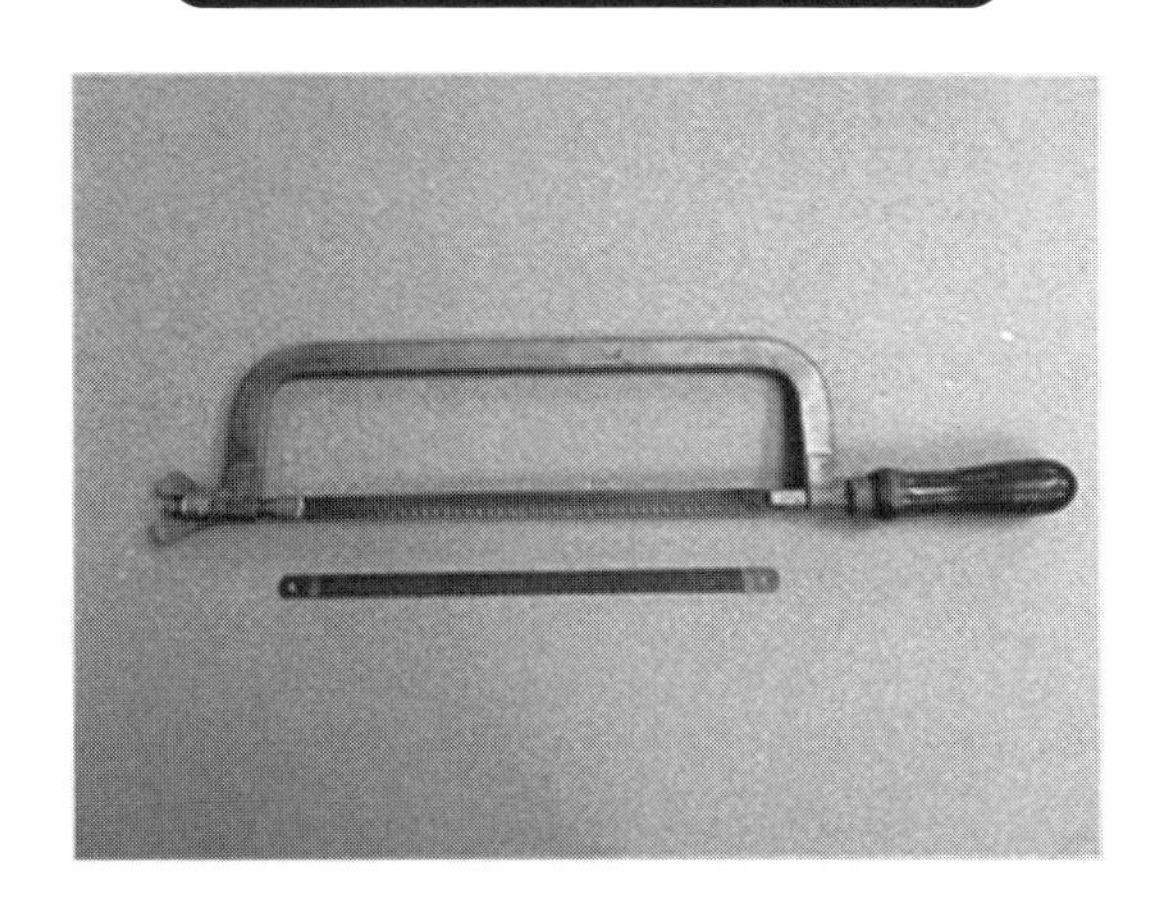

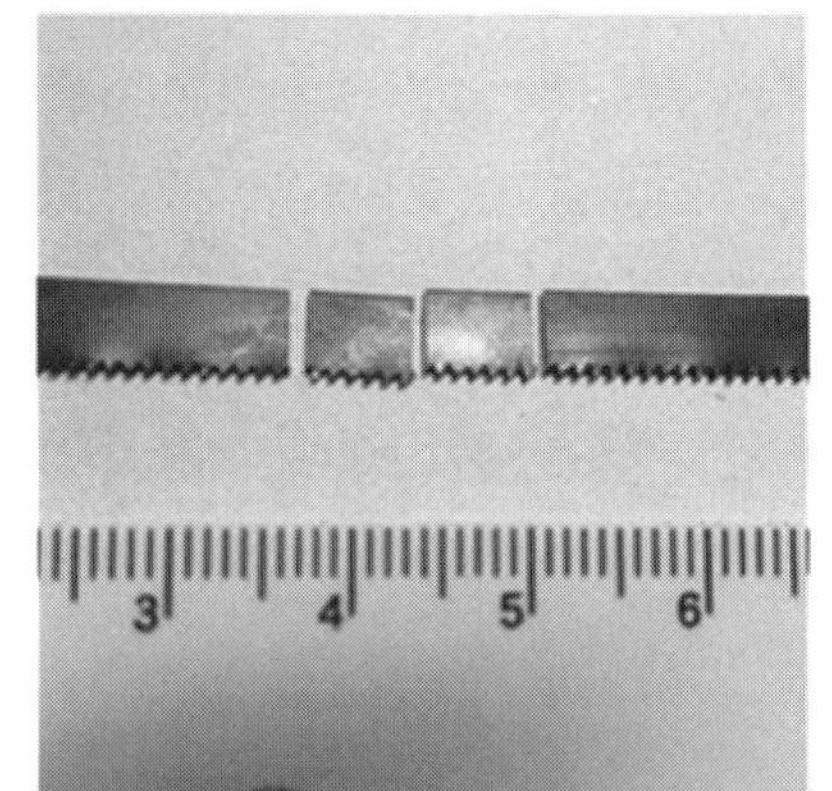

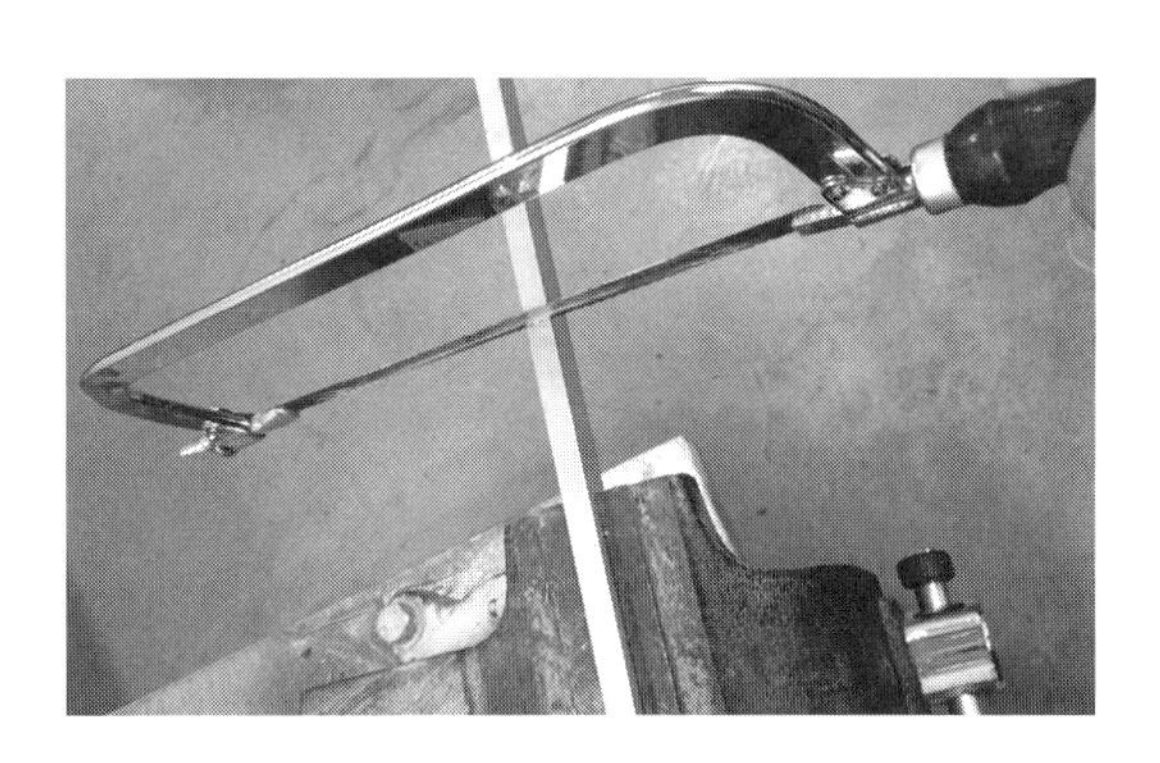

す。

この視点で汎用金ノコ刃角を調べてみました。よく見ると組織は黒白の線状が「さざ波」のように見えます。どうしてこのように見えるのでしょうか。

製造過程から考えられる要因は、①プレスでノコギリの形に抜くとき、②ローラーでノコギリの歪み取りをするとき、③V字型の目立てをするとき、④上目をつけるとき、⑤バリ取り洗浄のとき、⑥アサリ出し、⑦高周波加熱による加熱〜冷却の影響など7つの原因が考えられます。つまり、①〜⑥のどこかで生じた加工歪みが残留して、その後、熱処理によって生成された炭化物が球状化して歪み線上に析出したものと考えられます。したがって、加工歪みの痕跡であるといえます。

刃幅11・5㎜の金ノコ刃角は約60度でした。さらにビッカース硬さは最も硬いところでMHV1074であり、平均硬さもMHV966と優れた硬さを示していました。金属組織も微細炭化物（白い粒子）が微細分散していたことが確認できました。

刃幅6・2㎜の「ファミリーソー」とネーミングされた金ノコは、百均で売られているもので木工用2本、金工用2本が同封されています。説明書には工業用ではなく家庭用ノコギリと書かれていました。何が違うのか興味がありました。金工用ノコ刃は「軟鉄、アルミニウムが対象で焼入れ鋼材や硬質（クロム）めっきには適していない」とも記述されています。軟鉄とは釘などの軟質の鉄材を意味しています。アルミニウムにしてもアルミニウム合金は無理かもしれません。

少なくとも焼入れ鋼であればHV500程度、硬質クロムめっきはHV850〜1000以上と高く、一般的な電気めっきのなかでは最高の硬度を有していて耐摩耗性、耐久性に優れためっきです。そこでなぜ用途が限定されているのかを調べました。

刃角は約45度でした。ビッカース硬さの最も高い場所でMHV289程度で、きわめて低い硬さでした。このビッカース硬さでは前述した素材を切るのは無理なことがわかります。金属組織もフェライト相（基本的にフェライト相の硬さは低い）が生成しており、ビッカース硬さとも合致した軟組織でした。

汎用金ノコ刃（刃幅11.5mm）における刃先端部の側面組織

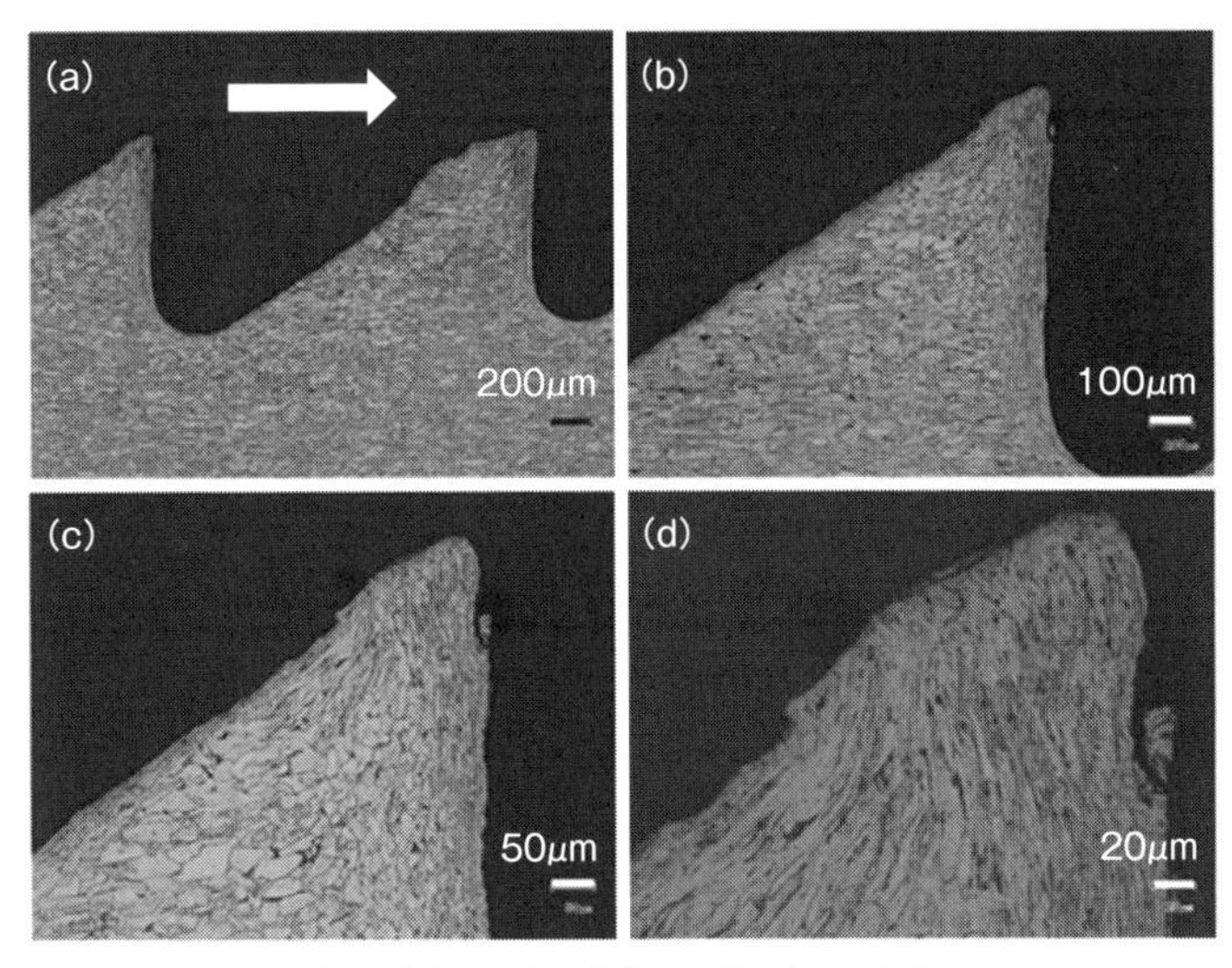

（a）、（b）100倍　（c）200倍　（d）500倍

金ノコ刃（刃幅6.2mm）における刃先端部の側面組織

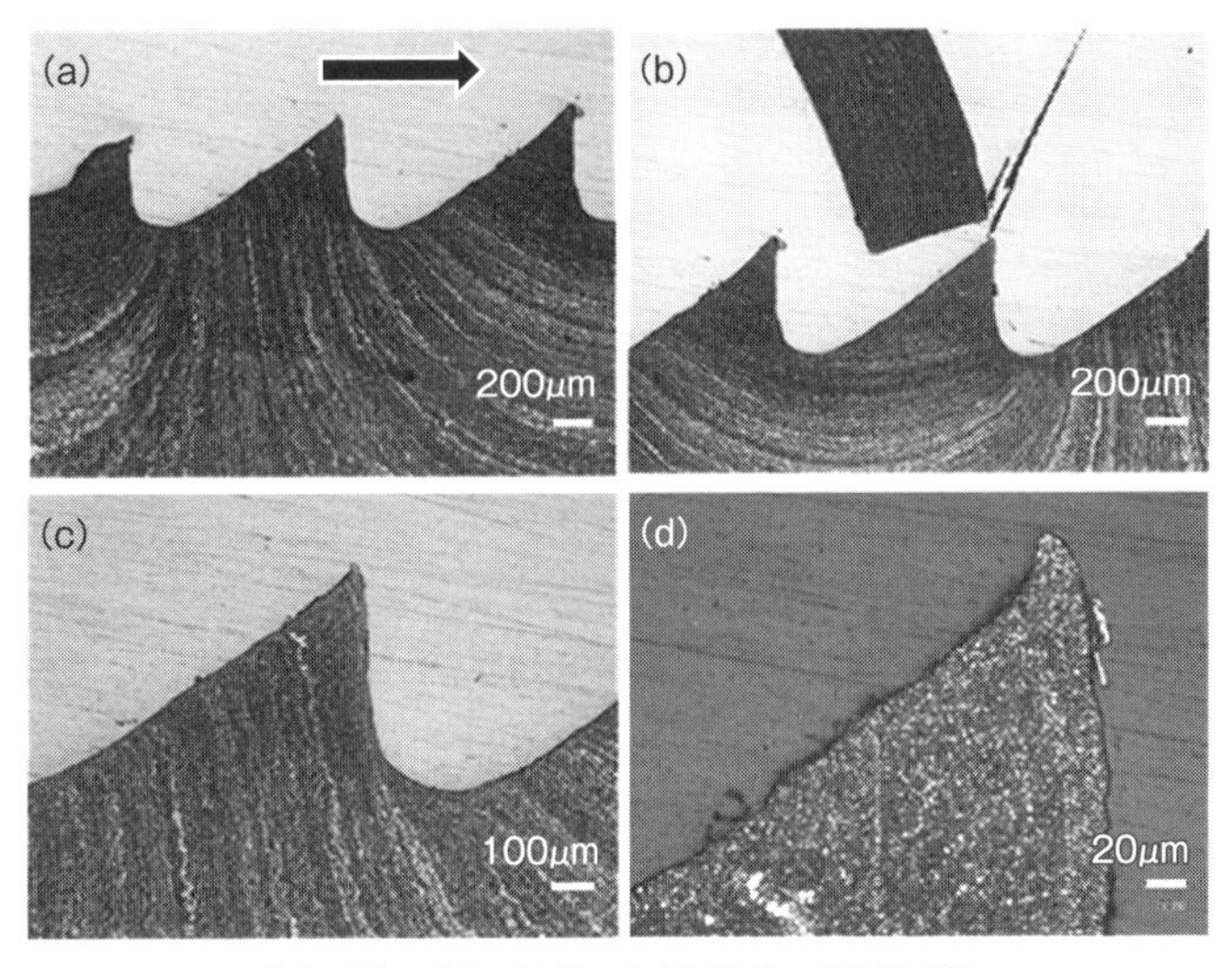

（a）50倍　（b）100倍　（c）200倍　（d）500倍

参考文献

・今西錦司、池田次郎、河合雅雄、伊谷純一郎：「人類の誕生」、河出書房新書（1989）
・海部陽介：「日本人はどこから来たのか？」、文芸春秋（2016）
・コンラート・シュピンドラー（畔上司訳）：「5000年前の男」、文春文庫（1998）
・山田克明、宮崎宏明：カミソリの刃先と切れ味、精密工学会誌54、11（1988）
・高橋益夫：手術用メスの切れ味、医科器械学雑誌、27、4〜5（1957）
・シェービングの地図を塗り替えた発明家キング・C・ジレット、https://www.myrepi.com/formen/products/article/formen-150901-2
・大谷康夫：「T字形安全カミソリ」、http://www.nsst.nssmc.com/tsushin/
・中澤護人：「鉄のメルヘン」、アグネ（1975）
・ジョナサン・ウォルドマン（三木直子訳）：「錆と人間」、築地書館（2016）
・加藤俊男、朝倉健太郎：「刃物あれこれ」、アグネ技術センター（2013）
・岩崎航介：「刃物の見方」、慶友社（2012）
・岡本誠之：「鋏」、法政大学出版局（1979）
・水谷裕一、柴田卓也、朝倉健太郎、朝倉裕登：髪の毛を切るってなんだろう（2015）
・佐野祐二：「鋏読本」、新門出版社（1987）
・宇田川武久：「真説 鉄砲伝来」、平凡社（2006）
・Per and Mattias Billgren：DAMASTEEL HANDBOOK、DAMASTEEL AB（1999）
・オルファ㈱：オルファ誕生秘話、http://www.olfa.co.jp/ja/contents/cutter/category01_h_01.html

な行

は行

ま行

や行

ら行

英字

索　引

あ行

か行

さ行

た行

●著者紹介
朝倉 健太郎（あさくら　けんたろう）

1974年、工学院大学大学院電気工学専攻科修了。

2010年まで東京大学大学院工学系研究科マテリアル工学専攻において電子顕微鏡による構造解析、フェライト系耐熱鋼、核融合炉壁材料・高速増殖炉用材料、アルミニウム合金、銅合金、チタンおよびチタン合金、義肢装具用材料など多くの材料研究を行う。

2010に定年退職後、刃物に関する研究に興味をもち、刃物を次々と切断して金属組織と刃角などを調べてきた。最近は積層構造材料や界面組織の研究も行っている。

1997年、Michael　Tenenbaum論文賞（米国）、2008年、銅及び銅合金技術研究会（日本伸銅協会）論文賞、2014年、日本チタン協会特別賞など。

工学博士（1986年、東京大学）。

東武医学技術専門学校（公衆衛生学）、幸手看護専門学校（社会福祉、公衆衛生学）非常勤講師。

NDC 581.7

おもしろサイエンス **刃物の科学**

2017年2月23日 初版1刷発行

定価はカバーに表示してあります。

ⓒ著　者	朝倉健太郎	
発行者	井水治博	
発行所	日刊工業新聞社	〒103-8548 東京都中央区日本橋小網町14番1号
	書籍編集部	電話03-5644-7490
	販売・管理部	電話03-5644-7410　FAX 03-5644-7400
	URL	http://pub.nikkan.co.jp/
	e-mail	info@media.nikkan.co.jp
	振替口座	00190-2-186076

印刷・製本　美研プリンティング㈱

2017 Printed in Japan　落丁・乱丁本はお取り替えいたします。
ISBN　978-4-526-07672-5
本書の無断複写は、著作権法上の例外を除き、禁じられています。